CAILIAO KEXUE JICHU SHIYAN

材料科学基础实验

李琳　主编

马艺函　孙朗　梅鹏　副主编

化学工业出版社

·北京·

内 容 简 介

《材料科学基础实验》具体内容包括材料的显微结构分析、材料的力学性能、材料的热学性能、材料的电学性能、材料的光学性能、材料的磁学性能、材料的动力学行为分析、材料的物相及成分分析、材料合成及表征综合实验等，共九章，四十个实验。教材内容涵盖了培养学生实验技能和创新能力的基础性实验及综合性实验。每个实验包含有实验目的、实验原理、实验仪器和材料、实验步骤、思考题等。本教材贴近材料科学基础实验的教学实际，对提高学生的理论水平、实验技能、动手能力、创新能力有重要的指导意义。

本教材可供高等院校材料相关专业师生使用，也可供从事材料科学研究、开发及管理的人员参考。

图书在版编目（CIP）数据

材料科学基础实验/李琳主编 . —北京：化学工业出版社，2021.9（2024.9 重印）
ISBN 978-7-122-39429-3

Ⅰ.①材… Ⅱ.①李… Ⅲ.①材料科学-实验-高等学校-教材 Ⅳ.①TB3-33

中国版本图书馆 CIP 数据核字（2021）第 129098 号

责任编辑：李 琰 甘九林 宋林青 　　　　　文字编辑：朱 允
责任校对：边 涛 　　　　　　　　　　　　装帧设计：韩 飞

出版发行：化学工业出版社（北京市东城区青年湖南街 13 号　邮政编码 100011）
印　　装：北京科印技术咨询服务有限公司数码印刷分部
787mm×1092mm　1/16　印张 10　字数 212 千字　2024 年 9 月北京第 1 版第 3 次印刷

购书咨询：010-64518888 　　　　　　　售后服务：010-64518899
网　　址：http://www.cip.com.cn
凡购买本书，如有缺损质量问题，本社销售中心负责调换。

定　　价：39.80 元

前　言

实验是理工科专业教学中的重要环节，可以提高学生的动手实践能力，培养学生的创新能力，有助于提高学生的综合素质，培养适应社会快速发展需要的复合型人才。本书是为了适应我国目前对材料科学人才的需求，在多年实践教学的基础上编写而成的，目的是使学生对材料科学的基础知识有更感性的认识，通过实验对其加深理解，能初步做到学以致用。这几章的内容相互独立，便于不同层次、不同专业在开设不同课程时有选择性地取舍；同时这几章的内容也相互联系，有助于学生融会贯通和理解材料科学发展的内在规律。

本书按材料科学发展的内在规律与学科特点，将实验分为材料的显微结构分析（实验一～实验四）、材料的力学性能（实验五～实验十）、材料的热学性能（实验十一～实验十六）、材料的电学性能（实验十七～实验二十）、材料的光学性能（实验二十一～实验二十三）、材料的磁学性能（实验二十四～实验二十六）、材料的动力学行为分析（实验二十七～实验三十）、材料的物相及成分分析（实验三十一～实验三十四）、材料合成及表征综合实验（实验三十五～实验四十）等部分，共有四十个实验。

本书由中南民族大学材料化学专业的老师编写，李琳教授任主编，负责编写实验六、七、九、十、十一、十二、十四、三十六、三十七、四十；马艺函任副主编，负责编写实验五、十三、二十一、二十二、二十三、三十一、三十二、三十三、三十四、三十八；孙朗任副主编，负责编写实验一、二、三、四、十五、十六、二十四、二十五、二十六、三十五；梅鹏任副主编，负责编写实验八、十七、十八、十九、二十、二十七、二十八、二十九、三十、三十九。

由于编者水平有限，书中不当之处在所难免，恳请读者批评指正。

编者
2021 年 6 月

目　录

第一章　材料的显微结构分析 ·················· 1

实验一　偏光显微镜下陶瓷材料的显微结构分析 ·············· 1

实验二　铁碳合金相图及其平衡组织分析 ·············· 5

实验三　扫描电子显微分析 ·············· 8

实验四　不同铸铁的金相显微组织观察 ·············· 11

第二章　材料的力学性能 ·················· 17

实验五　弹性模量的测定 ·············· 17

实验六　抗弯强度的测定 ·············· 20

实验七　金属材料的不同硬度测定 ·············· 23

实验八　金属材料杨氏模量的测定 ·············· 31

实验九　金属缺口试样冲击韧性的测定 ·············· 34

实验十　拉伸试验 ·············· 38

第三章　材料的热学性能 ·················· 43

实验十一　差热分析 ·············· 43

实验十二　线膨胀系数的测定 ·············· 47

实验十三　复合材料耐燃烧性及氧指数测定 ·············· 49

实验十四　不良导体热导率测定 ·············· 53

实验十五　陶瓷材料烧结温度与烧结温度范围的测定 ·············· 56

实验十六　热膨胀法测金属的相变点 ·············· 58

第四章　材料的电学性能 ·················· 62

实验十七　电导法测定表面活性剂临界胶束浓度 ·············· 62

实验十八　线性极化法测定金属的腐蚀速度 ·············· 65

实验十九　四探针法测定材料电阻率和电阻温度系数 ·············· 67

实验二十　循环伏安法测定氧化还原曲线 ……………………… 72

第五章　材料的光学性能 ………………………………………… 78

实验二十一　固体试样的红外吸收光谱测试 …………………… 78
实验二十二　紫外-可见光谱测试 ………………………………… 81
实验二十三　荧光光谱测试 ……………………………………… 83

第六章　材料的磁学性能 ………………………………………… 88

实验二十四　材料磁化曲线和磁滞回线的测定 ………………… 88
实验二十五　超导材料的完全抗磁性测定 ……………………… 92
实验二十六　居里温度的测定 …………………………………… 95

第七章　材料的动力学行为分析 ………………………………… 99

实验二十七　沉降法测定分散体系颗粒的大小和粒度分布 …… 99
实验二十八　扩散实验 …………………………………………… 103
实验二十九　动态力学分析 ……………………………………… 107
实验三十　吸附平衡 ……………………………………………… 109

第八章　材料的物相及成分分析 ………………………………… 113

实验三十一　X射线衍射分析 …………………………………… 113
实验三十二　拉曼光谱分析不同类型碳材料 …………………… 117
实验三十三　X射线光电子能谱测试 …………………………… 121
实验三十四　透射电子显微镜-能谱仪联用 …………………… 126

第九章　材料合成及表征综合实验 ……………………………… 133

实验三十五　纳米氧化锌的制备及形貌观察 …………………… 133
实验三十六　球磨法制备微纳米粉体及激光粒度分析 ………… 136
实验三十七　固相反应制备镧锶钴铁及热学性能分析 ………… 140
实验三十八　溶胶-凝胶法制备荧光材料及其荧光性质测定 … 144
实验三十九　不同晶型二氧化钛的合成及其物相分析 ………… 146
实验四十　苯乙烯的悬浮聚合及聚苯乙烯的硬度测定 ……… 148

参考文献 …………………………………………………………… 151

第一章
材料的显微结构分析

偏光显微镜下陶瓷材料的显微结构分析

一、实验目的

1. 掌握偏光显微镜的构造，并掌握基本的调试方法。
2. 了解陶瓷材料的显微结构特征。
3. 掌握陶瓷材料的显微结构分析方法。

二、实验原理

　　偏光显微镜是目前研究材料晶相显微结构最有效的工具之一，其借助偏振光来观察材料的晶相结构，可以深入研究具有各向异性材料的显微结构特征。光作为一种横波，其传播方向与振动方向相垂直，根据其振动的特点，光一般可以分为自然光与偏振光两类。对于自然光而言，其在垂直于光波传导轴的平面内各个方向上的振幅分布相同，如太阳光、灯光等。通过反射、折射、双折射或者选择性吸收等方法对自然光进行处理后，可以使光只在一个方向上振动，这种光则称为"偏光"或"偏振光"。

　　在光学上，当光线通过某一物质时，根据光的性质和进路是否随照射方向的改变而改变，可以将该物质分为各向同性材料和各向异性材料。气体、液体以及非结晶性固体都是各向同性材料。光线通过各向同性材料（单折射体），其性质并不受照射方向的影响。光线通过晶体、纤维等各向异性材料（双折射体）时，光的速度、折射率、吸收性、振动性、振幅等会因照射方向不同而发生变化。当一束线偏振光通过双折射体后，将分解为与偏振方向互相垂直的两束线偏振光，偏光显微镜正是借助这一特点来对材料进行观察的，其结构如图 1-1 所示。

　　由光源发出的自然光，经过反光镜反射后通过起偏片转变为偏振光。由于起偏片与检偏片的偏振方向互相垂直，在没有放置样品时光线将无法通过检偏片，目镜中只能观察到

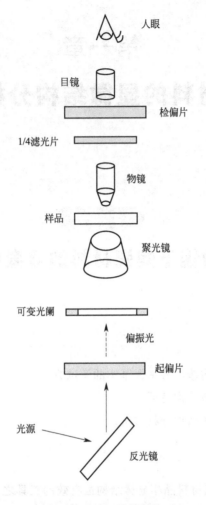

图 1-1 偏光显微镜结构

暗场。当放置样品为各向异性材料时，偏振光通过样品，由于各向异性材料的双折射，将其分解为与偏振方向互相垂直的两束偏振光。因此，部分光线可以通过检偏片，从而可以对样品进行观察。通过旋转载物台，发现在 360°范围内存在 4 次明暗变化，每隔 90°变暗一次。当双折射体的两个振动方向与两个偏振镜的振动方向相一致时，此时视场最暗，称为消光位置。从消光位置旋转 45°，偏振光分解出部分光线可以通过检偏镜，视场最亮，称为对角位置。

在实验中，我们需要对偏光显微镜的物镜中心、偏光系统以及垂直照明系统进行校正。对于垂直照明系统而言，最为重要的是对光源的调节，从而保证视场的亮度均匀。通过视场光阑的调节，还可以对视场的大小进行调节，减小视场光阑也能够提高视场中的衬度。一般情况下，视场光阑调节至与目镜中视野大小相同。孔径光阑可以起到减少有害漫反射光、调节视域亮度及控制影像反差的作用。因此，要根据观察对象的不同有针对性地进行调节。一般来说，在高放大倍数的情况下要适当放大孔径光阑，在低放大倍数的情况下可以减小孔径光阑以增强影像的反差。

　　陶瓷材料的显微结构是指在显微镜下，其所呈现出的不同相的存在与分布，晶粒尺寸大小、形貌以及取向，气孔的形状和位置，各种杂质、缺陷和微裂纹的存在形式和分布，以及晶界特征等，如图 1-2 所示。

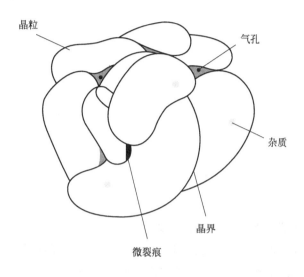

晶粒

气孔

杂质

晶界

微裂痕

图 1-2　陶瓷微观显微结构

　　陶瓷材料在制备过程中，受到不同的物理化学条件影响将形成不同的晶粒形貌，如粒状、柱状、片状、针状以及鳞片状等。晶粒尺寸的大小以及形貌对陶瓷材料的性能有着显著的影响。人们在对氧化铝陶瓷进行研究时发现，晶粒的尺寸与氧化铝陶瓷的耐磨性能有着紧密的联系，晶粒细小的氧化铝陶瓷具有更为优良的耐磨性能。对陶瓷材料的晶粒尺寸进行研究，不仅可以对生产进行有效指导，还可以深入了解材料微观结构与性能之间的关系。但由于晶粒形状各异，如何确定陶瓷材料的晶粒尺寸是一个公认的难题。对于粒状晶粒，可以测量其横截面的直径；对于片状、柱状以及针状晶体，只能通过测量长径与短径的平均值来表示粒径的大小。除此以外，晶粒在陶瓷中的空间位置和方向对陶瓷的性能也有着显著的影响。当陶瓷中晶粒在空间随机分布时，其物理性能显示各向同性；而当其在陶瓷中排列方向一致时，晶粒排列具有取向，材料的物理性能具有各向异性。比如为了能让铁氧体磁性陶瓷显示良好的磁性，就需要陶瓷中的晶粒排列方向尽量一致。在晶粒与晶粒之间存在着边界，即晶界。晶界处存在着大量晶格缺陷，晶界处的机械强度会显著降低，多晶陶瓷在断裂时，多沿晶界断裂。陶瓷中除了晶粒部分外，还存在着一种非晶态低熔物，称为玻璃相，主要起着黏结、填充气孔空隙、降低烧结温度、抑制晶体长大以及防止晶体晶型转变的作用。玻璃相的组成、数量和分布对陶瓷材料的制备和性能都有着显著的影响。在陶瓷的玻璃相中存在着数量不定的气孔，气孔的体积分数可达 5%～10%。气孔会导致陶瓷机械强度降低、介电损耗增加以及透光率降低。为了研究陶瓷材料的显微结构，本实验中，我们将用偏光显微镜对陶瓷材料的晶粒、玻璃相以及气孔进行观察。

三、实验仪器和材料

1. 实验仪器

偏光显微镜。

2. 实验材料

陶瓷试样。

四、实验步骤

1. 偏光显微镜调试

① 打开电源，调节调光手轮至合适亮度。

② 将检偏片插入光路，转动起偏片调节环，在 360°旋转过程中，视场将由明变暗，再由暗转明。当视场最暗时，起偏片与检偏片偏振方向相垂直。

③ 将样品置于载物台上，先通过粗动手轮后通过微动手轮调焦，得到清晰样品图像。

④ 调节视场光阑至最小，通过聚焦镜调节螺钉，将视场光阑调至视场中心，之后逐步打开视场光阑，至其与视场边缘相切。

⑤ 调节孔径光阑数值为物镜孔径的 70%～80%，以得到更好的分辨率和反差。

2. 测定晶粒及气孔的大小，计算晶粒的平均粒径

① 在载物台上放置试样，对焦。

② 用带微尺的目镜观察试样中的晶相，将晶粒移动至目镜微尺中，测量 100 个晶粒的粒径，统计其最大值与最小值，并计算平均粒径。用相同方法测量气孔孔径。

3. 观察晶体形状特征及晶界

① 观察试样中晶体的自形程度。先用中倍物镜进行范围观察，再用高倍物镜观察细节。

② 观察晶面、晶棱、顶角的完整程度，观察晶粒的排列方式以及取向。

③ 区分主晶相（含量最多）以及次晶相。

④ 用高倍物镜仔细观察晶界特征（晶界层的宽度、取向以及晶界偏析等情况）。

五、思考题

1. 偏光显微镜的适用范围是什么？

2. 为什么要将检偏片和起偏片的偏振方向调为相互垂直？

3. 陶瓷材料中的玻璃相有何作用？

铁碳合金相图及其平衡组织分析

一、实验目的

1. 熟悉铁碳合金相图。
2. 掌握各相组织组成以及它们的金相形貌特征。
3. 了解碳含量对各相及组织组成物的形貌的影响。

二、实验原理

　　铁材料的生产和广泛应用，极大地推动了人类文明的发展，即便是今天，铁材料仍然广泛应用于我们日常的生产和生活。当前，应用最为广泛的两种铁基材料——碳钢和铸铁，虽然种类繁多，成分不一，但其最为基础的组成成分都是铁和碳，因此被称为铁碳合金材料。从某个角度来说，铁碳合金的本质就是以铁和碳元素组成的复杂二元合金。

　　由于铁碳合金成分、组织和性能之间存在着密切的联系，需要深入研究它们之间的关系及其变化规律，从而帮助人们制备所需的铁碳合金。相图展示了随成分和温度的变化，合金的相变过程，掌握铁碳相图对于制定钢材料的加工工艺具有重要的实践意义。从图1-3中可以看到，铁碳合金在不同温度和组成下，可以形成六种相，分别是：L相、α相、δ相、γ相、Fe_3C相和石墨。其中L相是Fe与碳形成的均匀溶体，存在于其熔化温度之上。α相也称铁素体，用符号F和α表示，是碳在α铁中的间隙固溶体，其具有体心立方晶格结构。铁素体中碳含量极低，因此也被称为工业纯铁。δ相是碳在δ铁中的间隙固溶体，也具有体心立方晶格结构，由于其存在温度较高（在1394℃以上存在），碳含量也较低，因此又被称为高温铁素体。γ相，也被称为奥氏体，用符号A和γ表示，是碳在γ铁中的间隙固溶体，晶格为面心立方结构，间隙碳原子均位于其晶胞八面体间隙中心。奥氏体中碳含量较高，在1148℃时，其碳含量最大可达2.11%。Fe_3C相具有复杂的晶格，其晶格是由碳原子构成的一个斜方晶格。碳原子周围的六个铁原子构成一个八面体，每个铁原子同时又分属于两个八面体共有，在晶胞中共有12个铁原子和4个碳原子，因此铁碳比为3∶1，其晶格结构如图1-4所示。

　　对于铁碳合金而言，根据其碳含量及组织的不同，可将铁碳合金相图中所有合金分成三大类：工业纯铁、钢以及白口铸铁。其中碳含量小于0.0218%的铁碳合金被称为工业纯铁。其质地特别软，韧性特别大，具有极好的电磁性能。可用于建筑工程，制造防锈材

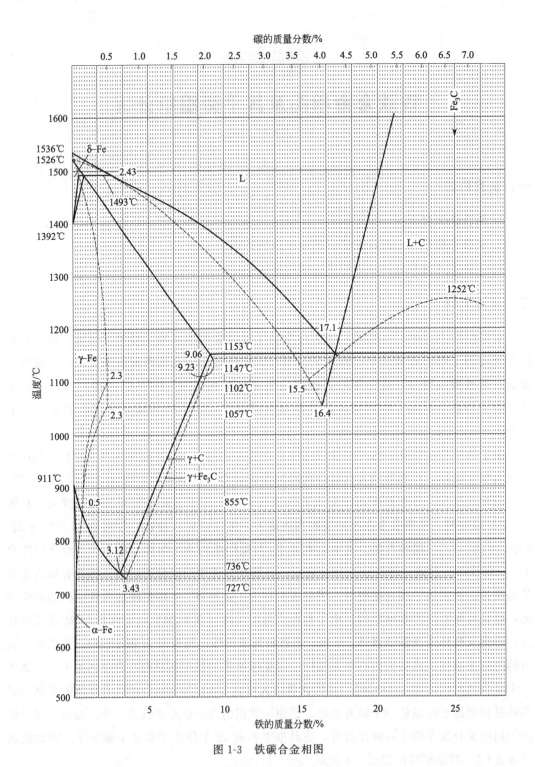

图 1-3 铁碳合金相图

料、镀锌板、镀锡板、电磁铁芯等。碳含量为 0.0218%～2.11% 的铁碳合金被称为钢。按金相组织可以将其进一步分类为：①亚共析钢（铁素体＋珠光体），碳含量在 0.0218%～0.77% 之间；②共析钢（珠光体），碳含量为 0.77%；③过共析钢（珠光体＋

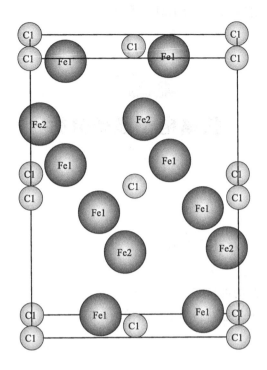

图 1-4　FeC_3 的晶格结构

渗碳体），碳含量在 $0.77\%\sim2.11\%$ 之间。碳含量为 $2.11\%\sim6.69\%$ 的铁碳合金被称为白口铸铁。同样根据室温组织的不同，可以将白口铸铁进一步分为亚共晶白口铸铁（碳含量在 $2.11\%\sim4.3\%$ 之间）、共晶白口铸铁（碳含量为 4.3%）以及过共晶白口铸铁（碳含量在 $4.3\%\sim6.69\%$ 之间）。

三、实验仪器和材料

1. 实验仪器

金相显微镜。

2. 实验材料

标准实验样品若干。

四、实验步骤

① 分析并讨论铁碳合金金相的组成及组织组成物形貌。

② 观察合金相的显微结构，结合理论知识绘制组织特征图。

五、思考题

1. 碳含量对铁碳合金的组织和性能的影响规律是什么？

2. 合金的结晶凝固过程和纯金属有什么不同？

实验三

扫描电子显微分析

一、实验目的

1. 了解扫描电镜的基本结构和原理。
2. 掌握扫描电镜的操作方法。
3. 掌握扫描电镜样品的制备方法。
4. 了解电荷效应以及像散对扫描电镜图像的影响。

二、实验原理

扫描电子显微镜（简称扫描电镜）是介于透射电子显微镜和光学显微镜之间的一种最为直接的材料结构研究手段。它对样品的制备要求较低，并不需要如透射电镜那样较为复杂的制样过程。因此，扫描电子显微镜在材料科学、冶金以及生物医学等方面有着广泛的应用。

扫描电子显微镜的结构，可以分为 5 大部分：电子光学系统、信号检测放大系统、图像显示和记录系统、真空系统以及电源控制系统。其中，最为复杂的部分就是电子光学系统，其包括电子枪、电磁透镜、扫描线圈和样品室，如图 1-5 所示。扫描电镜中的电子枪与透射电子显微镜中的电子枪作用和功能十分类似，但其加速电压要低于透射电子显微镜的加速电压。电磁透镜在扫描电子显微镜当中仅起收缩电子束光斑的作用，并不起成像透镜的作用。通过电磁透镜，将电子枪发射出来的直径约为 50mm 的电子束光斑收缩聚集成为一个只有几纳米大小的斑点。斑点越小，扫描电子显微镜的分辨率相应也就越高。通过调节扫描线圈的偏转磁场，可以控制电子束在样品表面进行有规则的扫动。样品室的主要部件是样品台，它不仅能够进行三维空间的移动，还能够倾斜和转动。除了样品台之外，样品室内还安装各种信号探测器以及多种附件。这些附件可以对样品进行加热、冷却或拉伸等。真空系统在扫描电镜当中也是必不可少的，为保证扫描电子显微镜光学系统能够正常工作，筒内的真空度一般要求维持在 $10^{-4} \sim 10^{-5}\,\mathrm{mmHg}$[●]。

扫描电子显微镜借助扫描线圈使电子束在样品表面逐点扫描。由于电子束与样品表面原子之间的相互作用，将产生二次电子、背散射电子、X 射线等各种物理信号，其中

● 1mmHg＝0.133kPa。

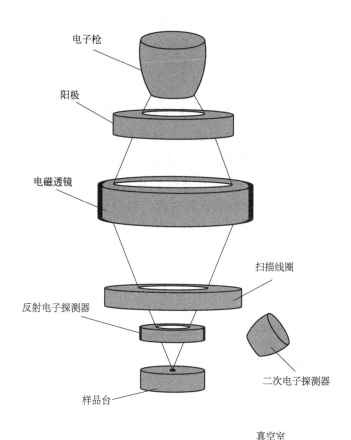

图 1-5 扫描电子显微镜的电子光学系统

最为重要的就是二次电子。这些物理信号分别被相应的传感器所接收,并经过放大和转换后用来调制荧光屏的亮度。由于控制入射电子束在样品表面上扫描的控制器同样控制着阴极射线管内电子束在荧光屏上的扫描,因此两者的信号将严格同步。试样表面发射的信号与显像管荧光屏上相应的亮点一一对应,从而得到能够反映样品表面各种特征的图像。

扫描电镜的放大倍数,可以从几倍到几万倍,这主要通过改变电子束的偏转角度来实现。同时,扫描电镜的分辨率也相当高,可达 $1 \sim 3nm$。此外,扫描电镜还具有巨大的焦深,大致 300 倍于光学显微镜,因此即便是复杂而粗糙的样品,使用扫描电镜仍可以得到其表面清晰聚焦的图像。扫描电镜的图像的立体感强,这非常有利于纳米材料的观察和分析。但是电荷效应以及像散会对纳米材料成像有着较大的影响。电荷效应是指当样品不导电或导电不良时,样品会因吸收电子而带负电,这就会产生一个静电场干扰。当入射电子与二次发射电子的数量不同时,样品就会因吸收或失掉电子而带电。电荷效应将导致二次电子发射受到不规则的影响,这会造成图像的一部分异常明亮而一部分则变得更暗。静电场还会导致电子束被不规则地偏转,这会造成图像不规则地畸变或漂移。带电样品也常常发生不规则的放电,这会导致图像中出现不规则的亮点和亮线。为了得到高质量的纳米材料扫描电子显微镜图像，需要避免电荷效应的影响。具体可以通过以下手段。首先可以通过"喷金"或"喷碳"的手段提高样品的导电率，将吸收的电荷释放，从而消除电荷效应。对于非导电的样品，几乎都需要进行"喷金"或"喷碳"，但这并不能完全消除电荷效应。还可以通过降低电压的方法，使入射电子数与二次发射的电子数相等，从而避免电荷积累。也可以使用较快的速度进行观察和拍摄，在电荷效应产生影响之前，完成样品的观察。像散是扫描电子显微镜的磁场轴向不对称而引起的一种相差。由于磁场不同方向对电子的折射并不相同，电子束经过透镜后其光斑将畸变成椭圆形，这使得原来的点在成像后变成两个分离且互相垂直的短线。因扫描电子显微镜成像系统的构造，像散不可避免，因此，消除像散是获得高分辨率清晰图像的重要步骤。一般借助扫描电子显微镜物镜下装配的物镜消散器来最大限度地消除像散。

三、实验仪器和材料

1. 实验仪器

XL-30 型扫描电子显微镜。

2. 实验材料

金属纳米颗粒样品和 ZnO 纳米颗粒。

四、实验步骤

1. 样品的制备

先把导电胶贴在金属盘上，然后在导电胶上添加少量的样品，对于不导电的样品，需要进行喷金处理。

2. 纳米材料的观察

真空系统部分操作方法：
① 开扩散泵冷却水，打开机械泵、压缩机、变压器及电源总开关。
② 开真空电源，系统会自动进行抽样品室、镜筒低真空和高真空。
③ 样品放入电镜样品室。
④ 根据试样性质，选择加速电压，平移、倾转样品台，观察时先使用低倍率，后使用高倍率。通过改变物镜电流，改变物镜焦距。
⑤ 关机操作。

五、思考题

1. 为什么要对导电不良的样品进行喷金处理？

2. 如何调节扫描电镜的分辨率？

3. 扫描电镜为什么需要真空系统？

实验四

不同铸铁的金相显微组织观察

一、实验目的

1. 了解金相显微镜的基本结构和原理。

2. 掌握金相显微镜的操作方法。

3. 观察不同铸铁的显微组织结构。

4. 分析各种铸铁成分、组织结构和性能之间的关系。

二、实验原理

金相显微镜是进行金属材料金相分析的必要工具。借助金相显微镜，可以对各种金属材料的显微组织结构进行分析，从而揭示金属组织结构与成分和性能之间的关系，也可以用金相显微镜确定各种不同的加工方法以及热处理工艺对金属材料的显微组织结构的影响。常见的金相显微镜，按外形可以分为台式、立式和卧式三大类。台式金相显微镜体积小，重量轻，携带方便。立式金相显微镜按倒立式光程设计，并带有垂直方向的投影摄影箱。卧式金相显微镜同样按倒立式光程设计，但其投影摄影箱在水平方向。

金相显微镜一般由光学系统、照明系统和机械系统三部分组成，有些还额外配有如照相装置和暗场照明系统等附件。金相显微镜的照明系统以底座内安装的低压灯泡作为光源，由聚光镜、孔径光阑、视场光阑以及反光镜等共同构成。其中孔径光阑主要用来控制入射光的光束大小，以获得清晰的物像。视场光阑位于物镜支架下，用于控制视场范围，以保证目镜视场中明亮且无阴影。金相显微镜的机械系统主要包括显微镜的镜体、调焦装置和载物台。金相显微镜的调焦装置分为粗动调焦手轮和微动调焦手轮，两者设于同一位置。通过调节粗动调焦手轮可以控制支撑载物台的弯臂进行上下运动。通过调节微动调焦手轮，可以使显微镜本体沿着滑轨缓慢地移动。载物台也称为样品台，用于放置金相样品，通过调节载物台可以观察试样的不同位置。对于金相显微镜而言，其最重要的部分则是光学系统。借助光学系统来实现对所观察样品的放大，其成像原理如图 1-6 所示。

金相显微镜的光学系统由物镜、目镜以及一些辅助光学零件共同构成。物镜为靠近观察样品一侧的镜片，目镜则是靠近人眼处的镜片。样品置于物镜 1 倍焦距到 2 倍焦距之间，经透镜折射之后，在物镜的另一侧形成一个放大的倒立的实像。一般情况下，将观察

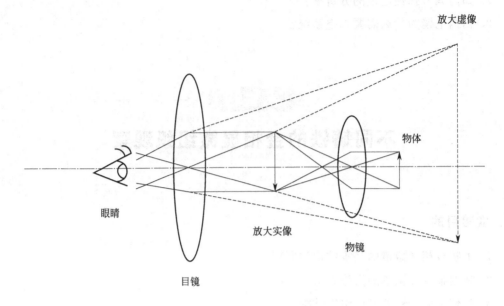

图 1-6　金相显微镜成像原理

的物体置于物镜焦距附近，因此可以通过焦距来计算物体的放大倍数。在目镜处，当物体处于该透镜的 1 倍焦距以内时，将在距透镜 250mm 处观察到一个正立的放大的虚像，这里的 250mm 即是人眼的明视距离。金相显微镜的光路即是被物体经物镜放大后在目镜的 1 倍焦距内形成一个倒立的实像，通过目镜可以观察到这个经过二次放大的倒立的虚像，如图 1-6 所示。金相显微镜总的放大倍数，由目镜的放大倍数和物镜的放大倍数共同决定，具体如式（1-1）所示。

$$M_{总}=M_{物镜}\times M_{目镜} \tag{1-1}$$

　　众所周知，对于光学显微镜而言，由于衍射的存在，试样上某一点通过物镜所成的像并非是一个点，而是一个具有一定尺寸的圆斑，其周围环绕着一系列的衍射环。分辨率用来衡量分辨试样上两点间最小距离的能力，即能够分辨的两点之间的距离。分辨率越高，这两点之间的距离越小。但当两个点十分接近时，就无法判断这究竟是一个点还是两个点。对于金相显微镜而言，其分辨率 d 是由光的波长和物镜的孔径光阑共同决定的，与目镜无关，具体如式（1-2）所示。

$$d=\frac{\lambda}{2NA} \tag{2-2}$$

　　式中，λ 为入射光的波长；NA 为孔径光阑的数值。可以看到，增大孔径光阑的数值可以提高金相显微镜的分辨率。但该数值不能过大，否则将对视场的清晰度和衬度造成影响。

　　除了分辨率以外，还有其他因素影响成像质量，单片透镜在成像的过程中，受物理条件的限制，成像往往会变得模糊或发生畸变，这种缺陷被称为像差。像差一般可以分为两大类：一类是单色光成像时所产生的像差，具体包括球像差、彗形像差、像散和像域弯曲；另一类是由同种介质对波长不同的光波的折射率各不相同而导致的多色光在成像时所产生的色像差。对于显微镜而言，其中影响较大的是球像差、色像差和像域弯曲。

球像差的产生是由于透镜几何结构的限制，通过光轴附近的光折射角度较小，而在边缘处的光折射角度较大。因此，即使是从同一点所发射出来的单色光，也并不能够准确地汇聚在同一点，从而沿光轴形成了一系列的像，这必然导致图像模糊不清。在金相显微镜中，可以通过孔径光阑来减少球像差的影响。降低孔径光阑的数值，可以使通过边缘的光线减少，从而抑制球像差的产生。但孔径光阑不能过小，过小的孔径光阑会使图像的分辨率过低，同样不利于观察。

白光是由多种不同波长的单色光组成的，因此，当白光通过透镜时，波长越短的光，其折射率越大，焦点离透镜越近；而波长较长的光，折射率较小，焦点离透镜较远。这些不同波长的光将沿着光轴在不同点上成像，导致图像模糊，这就是所谓的色像差，可以采用单色光源或加装滤色片的方法来避免或降低色像差的影响。

垂直于光轴的平面透过透镜所形成的像并非是一个平面，而是一个弯曲像面，这被称为像域弯曲。一般的物镜都难以避免像域弯曲，只有通过极为精准的校正，才能够得到趋于平坦的像域。

铸铁是碳含量大于 2.11% 的碳铁合金，其中除了含有铁和碳两种成分外，还含有硅、锰、磷、硫等多种元素。由于组成成分复杂，铸铁的显微结构也大不相同，这导致了虽然同为铸铁，但其性质却多种多样。根据铸铁中碳的存在形式，一般可分为：灰口铸铁、球墨铸铁、可锻铸铁以及蠕墨铸铁等。接下来，将详细介绍各类铸铁的组成、性质、显微结构以及它们之间的关系。

1. 灰口铸铁

灰口铸铁中的碳大部分或全部以自由碳的形式存在。因此，灰口铸铁可以看成由铁基体和分散在其中的大量片状石墨共同构成，其碳含量一般为 2.4%～4.0%。大量石墨的存在对其力学性能造成一定影响。片状石墨对铁基体起到了割裂的作用，这使得灰口铸铁的抗拉强度、塑性和韧性都较差，因此，一般将其划分为脆性材料。灰口铸铁断口呈现灰黑色，其组织结构特征是在铁基体上分布着片状石墨。根据石墨化的程度和铁基体组织的不同，可以将灰口铸铁分为以下三类：铁素体基灰口铸铁、珠光体＋铁素体基灰口铸体以及珠光体基灰口铸体。铁素体基灰口铸铁中的石墨片较为粗大，因此，其强度和硬度最低，应用较少。珠光体基灰口铸铁的石墨片较为细小，因而具有较高的强度和硬度，主要用来制造比较重要的铸件。珠光体＋铁素体基灰口铸铁中石墨片与珠光体基灰口铸铁相比稍显粗大，因此性能上也逊于珠光体基灰口铸铁。灰口铸铁的显微结构见图 1-7。

2. 球墨铸铁

球墨铸铁是一种高强度铸铁材料，其综合性能接近钢。采用镁、钙以及稀土元素

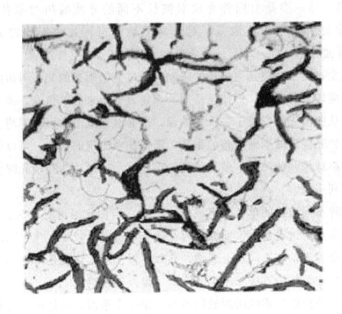

图 1-7　灰口铸铁的显微结构

等球化剂对石墨进行球化处理，从而得到球状石墨，因此球墨铸铁也被称为球铁。由于球状石墨对基体的削弱作用较小，球墨铸铁的金属基体强度能够较好地保留，因而，其力学性能要优于普通灰口铸铁。球墨铸铁的基体可以分为铁素体、珠光体＋铁素体以及珠光体基体三种。球墨铸铁的基体由铁素体和珠光体组成，因此可以通过热处理来改变基体组织结构，从而提升球墨铸铁的力学性能。球墨铸铁的显微结构见图 1-8。

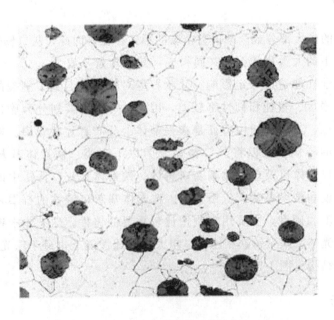

图 1-8　球墨铸铁的显微结构

3. 可锻铸铁

可锻铸铁是由白口铸铁经石墨化退火处理而获得的，具有较高的强度、塑性和冲击韧性。可锻铸铁中的碳以团絮状石墨的形式存在，对金属基体的割裂和破坏较小，因此，金属基体的强度、塑性和韧性都能较好地保留下来。可锻铸铁中的团絮状石墨的数量越少，外形越规则，分布越细小均匀，其综合力学性能也就越好。可锻铸铁可以分为两大类：一类是由铁素体基体和团絮状石墨组织共同构成的，被称为铁素体可锻铸铁；另一类是由珠光体和团絮状石墨组织构成的，被称为珠光体可锻铸铁。可锻铸铁的显微结构见图 1-9。

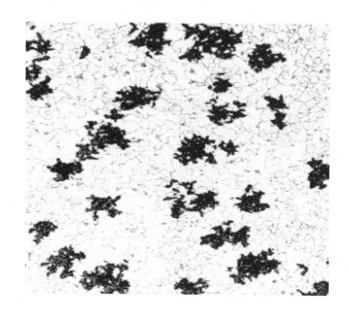

图 1-9　可锻铸铁的显微结构

4. 蠕墨铸铁

蠕墨铸铁中的石墨具有片状和球状之间的一种过渡形态，因此，其兼具球墨铸铁和灰口铸铁的性能。它是通过在一定成分的铁水中加入适量的蠕化剂和孕育剂而获得的。蠕虫状的石墨具有圆弧状的边缘和不平整的表面，可以使得铁基体与石墨之间产生较强的黏合力，从而抑制了裂纹源的产生，并能抑制裂纹的扩展。蠕墨铸铁中的铁基体组织倾向于形成铁素体，这将会导致其强度和耐磨性下降。可通过对碳的扩散条件、基体中的某些元素的显微偏析程度以及冷却速度等因素的调控来进行控制。蠕墨铸铁中必然含有球状石墨，但球状石墨不能过多，过多虽能增加其强度和刚性，但会影响其可铸性、铸件的加工性和导热性。因此，需要根据工艺和铸件的工作性能的要求对蠕墨铸铁的微观结构进行调控。蠕墨铸铁的显微结构见图 1-10。

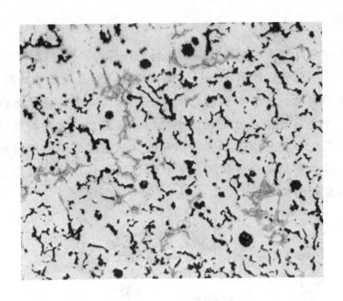

图 1-10　蠕墨铸铁的显微结构

三、实验仪器和材料

1. 实验仪器

金相显微镜，砂纸，布氏硬度计。

2. 实验材料

灰口铸铁、球墨铸铁、可锻铸铁及蠕墨铸铁试样若干。

四、实验步骤

① 将灰口铸铁、球墨铸铁、可锻铸铁及蠕墨铸铁制成金相试样。

② 在金相显微镜下，对铸铁的组织进行观察和分析，并初步绘制其显微组织图像。

③ 分别测试不同碳含量的灰口铸铁、球墨铸铁、可锻铸铁及蠕墨铸铁的布氏硬度。

④ 观察灰口铸铁、球墨铸铁、可锻铸铁及蠕墨铸铁中石墨形态的差异，并分析其对铸铁性质的影响。

五、思考题

1. 提高孔径光阑数值对成像有什么影响？

2. 灰口铸铁、球墨铸铁、可锻铸铁及蠕墨铸铁显微结构的区别是什么？

第二章
材料的力学性能

实验五

弹性模量的测定

一、实验目的

1. 掌握弹性模量的概念，理解该参数的物理意义和变形方式。
2. 掌握动态悬挂法测定金属材料杨氏模量的原理和基本操作。

二、实验原理

对弹性体施加一个外界作用力，弹性体会发生形状的改变（称为"应变"），当弹性体的长度变化不超过某一限度时，撤去外力之后，弹性体又能完全恢复原状。在该限度内，物体的长度变化程度与物体内部恢复力之间存在正比关系。弹性模量 E 的定义是：单向应力状态下，应力除以该方向的应变，单位为 $N \cdot m^{-2}$。材料在弹性变形阶段，应力和应变符合胡克定律，其比例系数就是弹性模量。它是材料的弹性常数，用来衡量材料抵抗弹性变形的能力，是原子、离子键合强度在宏观上的反映。其值越大，材料发生一定弹性变形时所受的应力也越大，即材料的刚性越大。弹性模量是弹性材料的一种特征的力学性质，只与材料的化学成分有关，与其组织变化无关，与热处理状态也无关。它是工程材料一个重要的力学性能参数，在实际工程结构中，材料的弹性模量决定了零件使用时的稳定性。

根据不同的受力状态，弹性模量可分为杨氏模量、剪切模量和体积模量。

杨氏模量：当一条长度为 L、横截面积为 S 的金属丝在外力 F 作用下伸长 ΔL 时，F/S 称为线应力，其物理意义是金属丝单位横截面积所受到的力；$\Delta L/L$ 称为线应变，其物理意义是金属丝单位长度所对应的伸长量。线应力与线应变的比值即为杨氏模量：$E = (F/S)/(\Delta L/L)$。

剪切模量：剪切模量是材料在剪切应力作用下，在弹性变形极限范围内，切应力与切应变的比值。工程上对扭转构件进行刚度设计和校核时，必须考校这一性能参数。

体积模量：体积模量用于描述均质各向同性物质的弹性。当对材料施加一个整体压力 p 时，这个压力称为体积应力，材料的体积减小量 ΔV 与原来的体积 V 的比值称为体积应变。体积应力除以体积应变即为体积模量：$K = p/(\Delta V/V)$。液体只有体积模量，其他模量为零。

在多种不同的变形中，伸长或缩短是最简单、最常见的变形之一。常用的弹性模量的测试方法是静态拉伸法和动态悬挂法。本实验旨在利用后者测试由连续、均匀且各向同性的低碳钢制成的金属圆棒的杨氏模量 E。

静态拉伸法是在常温时，对试样施加恒定的拉伸应力，以获得在弹性变形范围内试样的伸长量数据。通常，使用高灵敏度的光杠杆仪来放大样品的微小长度变化，然后根据应力和应变的公式计算出弹性模量。静态拉伸法对试样具有一定的破坏作用，对同一样品不能重复测试，操作复杂，测试结果波动较大，并且不适用于脆性材料（陶瓷等）的测量。

动态悬挂法是指利用较小的外力来振动试样，通过测试试样振动时的固有基频来获得弹性模量。由于施加在试样上的力为周期性变化且非常小，对材料无任何损伤，可以反复测试，也可用于其他性能测试。该法适用于各种金属及非金属（脆性）材料的测量，测定的温度范围很广泛（液氮温度至 3000℃ 左右），并且可以连续测定样品，从而获得完整的温度与弹性模量曲线，因此在实际应用中被广泛采用。其原理为：对于一根长度 L 远远大于直径 d 的金属圆棒，其做微小横振动时满足如下的横振动方程：

$$\frac{\partial^4 y}{\partial x^4} + \frac{\rho S}{EJ}\frac{\partial^2 y}{\partial t^2} = 0$$

式中，ρ 为金属圆棒的密度；S 为金属圆棒的截面积；J 称为惯量矩（取决于截面的形状）；E 为杨氏模量。对上述方程分离变量，可以得到如下的公式：

$$E = 1.6067\frac{L^3 m}{d^4}f^2$$

式中，m 为金属圆棒的质量；f 为金属圆棒振动的固有频率。因此，由上式可知，通过在不同温度下测量样品的固有频率 f 和其他力学参数，即可计算出其在不同温度下的杨氏模量 E（$N \cdot m^{-2}$）。测量时可采用图 2-1 的装置原理图得到样品的固有频率 f。

首先，信号发生器输出频率从小到大的等幅正弦波信号，将其施加于传感器激振上。通过传感器把电信号转变成机械振动，再由悬丝把机械振动传递给测试棒，迫使测试棒产生横向振动；再经过另一端的悬丝把测试棒的振动传递给传感器拾振，再将机械振动转换成电信号。该信号经放大后在示波器中呈现，只有振动波的频率与测试棒的共振频率一致

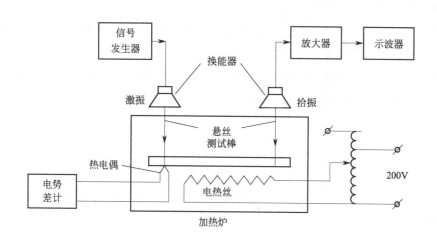

图 2-1 动态悬挂法测量杨氏模量装置原理图

时，测试棒才会发生共振，此时示波器上的波信号振幅产生极值，延时最长，其对应的频率就是测试棒在该温度下的共振频率。材料的共振频率近似等于固有频率，因此可代入公式计算出杨氏模量。

三、实验仪器和材料

1. 实验仪器

DTM-Ⅱ动态法弹性模量测试仪，天平，游标卡尺，螺旋测微计。

2. 实验材料

低碳钢金属圆棒（直径 5～10mm，长 120～200mm），每组 6～10 个。

四、实验步骤

① 测定金属圆棒的质量 m、直径 d 和长度 L，每个物理量各测试 6 次，求取平均值。

② 按照图 2-1 连接各实验装置，信号发生器的输出端连接至测试台的悬挂法输入端，测试台的悬挂法输出端则与放大器的输入端相接，最后将放大器的输出端连接至示波器的输入端。然后，将悬丝分别连接在测试棒的 $0.1L$ 与 $0.9L$ 处，并调节支撑点，以保证金属圆棒在竖直方向上振动。请注意，换能器是一块厚度约为 $0.1～0.3$mm 的压电晶体，然后用胶粘在 0.1mm 厚的黄铜片上，因此极其脆弱，放置金属圆棒时务必要轻拿轻放，不能用力，也不能敲打。

③ 试样共振状态的建立需要有一个过程，且共振峰十分尖锐，因此在共振点附近调节信号频率时，必须十分缓慢。由小到大逐渐调节信号发生器的频率，并观察示波器信号的变化。当示波器显示的波信号在某一频率处达到极值时，则认为信号发生器的激振频率

与测试棒共振。记录下该频率 f。

④ 在支撑点节点附近重复测量 6 次，每测 1 次后转动金属圆棒 1 次，等金属圆棒稳定后再进行测量，记录室温下的共振频率 f。

⑤ 数据处理：将所测金属圆棒试样的几何尺寸、质量以及室温下的共振频率 f 数值代入公式，计算出该金属圆棒的杨氏模量。

五、思考题

1. 什么是弹性模量？它在生活和实际应用中有什么作用？
2. 金属圆棒的长度、直径和质量应该分别采用什么规格的仪器测量？
3. 该实验的误差可能源自哪里？如何提高实验数据的准确性？

实验六

抗弯强度的测定

一、实验目的

掌握材料抗弯强度测试的原理及其影响因素，学会测定不同高分子材料的抗弯强度值。

二、实验原理

塑料的静抗弯强度主要用来检测材料在经受弯曲负荷作用时的性能，是指用三点负荷简支梁法将试样放在两个支点上，在两支点中间的试样上施加集中载荷，测试使试样变形直至破坏时的强度。

本实验对试样施加静态三点式弯曲负荷，测定试样在弯曲变形过程中的特征量，如弯曲应力、定挠度时弯曲应力、弯曲破坏应力、抗弯强度、表观抗弯应力等。静抗弯屈服强度是指试样弯曲负荷达到最大值时的抗弯强度（σ），表达式如下：

$$\sigma = \frac{1.5PL}{bh^2}$$

式中　P——最大负荷（或破坏载荷），N；

　　　L——试样长度（即两支点间的距离），mm；

　　　b——试样宽度，mm；

　　　h——试样厚度，mm。

三、实验仪器和材料

1. 实验仪器

材料试验机（日本岛津 AG-10KNA），游标卡尺，直尺。

2. 实验材料

各种高分子材料，如脆性材料聚苯乙烯（PS）、非脆性材料低密度聚乙烯（LDPE）等。

四、实验步骤

1. 制样。试样尺寸见图 2-2 和表 2-1。

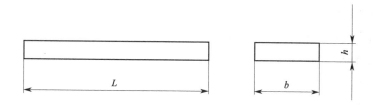

图 2-2 试样尺寸

表 2-1 弯曲标准试样尺寸   单位：mm

长度 L	宽度 b	厚度 h
20h	15±0.2	$1 < h \leqslant 10$
	30±0.5	$10 < h \leqslant 20$
	50±0.5	$20 < h \leqslant 35$
	80±0.5	$35 < h \leqslant 50$

2. 在万能电子拉力机上，安装换向器和弯曲支持器，加载压头。

3. 调节实验跨度，放置好试样，加工面朝上（如图 2-3），压头与加工面是线接触，其与试样长度的接触线垂直于试样长度方向。

4. 设定实验条件

① 实验方式：单向弯曲实验

② 实验速度：2mm·min^{-1}

③ 返回速度：500mm·min^{-1}

④ 返回位置：300mm

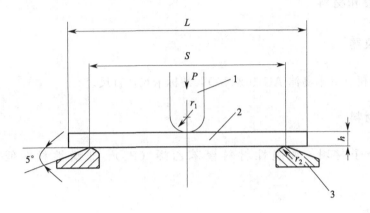

图 2-3　弯曲压头条件

1—压头（$r_1 = 10mm$ 或 $5mm$）；2—试样；3—试样支点台（$r_2 = 2mm$）；

h—试样厚度；P—弯曲负荷；L—试样长度；S—跨距

⑤ 记录方式：X-T

⑥ 传感器容量：10000N

⑦ 载荷满量程：5000N

⑧ 走纸比率：0.01

5. 键入样品参数

① 样品弯曲跨距：100mm

② 样品编号、样品厚度（mm）、样品宽度（mm）

6. 数据处理

① 在电脑上记录抗弯强度，测定实验过程的曲线。

② 在曲线上读出破坏或屈服载荷。

③ 计算出比例极限区某点的载荷与挠度，并根据公式计算抗弯强度或抗弯屈服强度。

五、思考题

1. 哪些因素会对抗弯强度测定结果产生影响？

2. 塑料的抗弯强度与聚合物的结构有何关系？

金属材料的不同硬度测定

一、实验目的

1. 了解布氏、洛氏硬度计的主要结构。
2. 掌握布氏、洛氏硬度测定的基本原理以及硬度的测试方法。
3. 明确碳钢的碳含量与其硬度之间的关系。

二、实验原理

硬度是指材料对另一较硬物体压入表面的抗力，是重要的力学性能之一。硬度值是衡量材料性能的一个重要指标，它给出了金属材料软硬程度的一个定量概念。硬度值越高，金属的塑性变形抗力越大，材料产生塑性变形的难度越大。硬度测试方法简单，操作方便，因此得到了广泛的应用。

硬度测试方法较多，应用最广泛的是压入法。压入法就是用一个很硬的压头以一定的压力压入试样的表面，使金属产生压痕，然后根据压痕的大小来确定硬度值。压痕越大，材料越软；反之，则材料越硬。根据压头类型和几何尺寸等条件的不同，常用的硬度测试方法有以下几种。

布氏硬度测试：主要用于测试黑色金属和有色金属的原材料的硬度，也用于测试退火和正火钢零件的硬度。

洛氏硬度测试：主要用于测试金属材料热处理后的性能。

维氏硬度测试：用于薄板材金属表面的硬度测试，以及较精确的硬度测试。

显微硬度测试：主要用于测试金属材料的局部显微组织或相的硬度，也可用于测试表面薄层和脆性材料的硬度。

1. 布氏硬度（HB）

（1）布氏硬度基本原理

布氏硬度测试是以一定直径的钢球施加一定负荷 P，压入被测金属表面保持一定时间（图 2-4），然后卸荷，根据金属表面的压痕面积 F 求应力值，以此作为硬度的计量指标，用 HB 表示，则 $HB = P/F = P/(\pi D h)$；其中 P 为负荷，kgf[1]；D 为钢球直径，mm；h

---

[1] 1kgf＝9.80665N。

为压痕深度，mm。

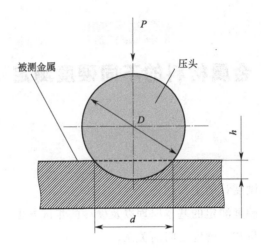

图 2-4　布氏硬度计实验原理

由于测量压痕直径 d 要比测量压痕深度 h 容易，将 h 用 d 代换，这可由图 2-5 中的 $\triangle Oab$ 关系求出：

$$\frac{1}{2}D - h = \sqrt{\left(\frac{D}{2}\right)^2 + \left(\frac{d}{2}\right)^2} \qquad (2\text{-}1)$$

$$h = \frac{1}{2}\left(D - \sqrt{D^2 + d^2}\right) \qquad (2\text{-}2)$$

将式(2-2)代入式(2-1)得

$$\mathrm{HB} = \frac{2P}{\pi D\left(D - \sqrt{D^2 - d^2}\right)} \qquad (2\text{-}3)$$

式(2-3)中，只有 d 是变量，所以只要测量出压痕直径，就可根据已知的 D 和 P 值计算出 HB 值。在实际测量时，可根据 HB、D、P、d 的值列成表格，若 D、P 已选定，则只需用读数测微尺（将实际压痕直径 d 放大 10 倍的测微尺）测量压痕直径 d，就可直接查表求得 HB 值。

由于金属材料有硬有软，所测工件有厚有薄，若采用同一种负荷（如 3000kgf）和钢球直径（如 10mm）时，则对硬的金属适合，而对软的金属就不合适，会使整个钢球陷入金属中；若对厚的工件适合，而对薄的金属则可能压透。所以规定测量不同材料的布氏硬度值时，要用不同的负荷和钢球直径，为了保证统一且便于比较，必须使 P 和 D 之间保持某一比值关系，以保证所得到的压痕形状的几何相似关系，其必要条件就是使压入角保持不变。如图 2-5 所示，则有

$$\frac{D}{2}\sin\frac{\phi}{2} = \frac{d}{2} \qquad (2\text{-}4)$$

将式(2-4)代入式(2-3)得

$$HB = \frac{P}{D^2} \left[\frac{2}{\pi \left(1 - \sqrt{1 - S\sin^2 \frac{\phi}{2}}\right)} \right] \qquad (2-5)$$

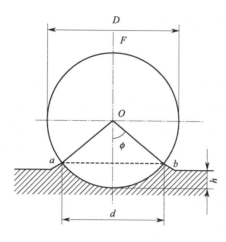

图 2-5 布氏硬度测试中 h 和 d 的关系

布氏硬度实验可根据材料的硬度和厚度选择不同直径的压头和不同的载荷。当采用淬火钢球作为压头时，钢球的直径有 $D = 2.5$mm、$D = 5$mm、$D = 10$mm 三种，载荷有 156N、612.9N、1839N、2452N、7355N、9807N、29420N 等七种。

式(2-5)说明，当 ϕ 值为常数时，为使 HB 值相同，P/D^2 也应保持为一定值，因此对同一材料而言，不论采用何种大小的负荷和钢球直径，只要满足 $P/D^2 =$ 常数，所得的HB 值都是一样的。对不同材料，所测得的 HB 值也可进行比较。

国家标准规定 P/D^2 的比值为 294.2、98 和 24.5 三种。一般情况下，多选择 $D = 10$mm，$F = 29420$N，保持载荷时间为 10s。其实验数据和应用范围可参考表 2-2。

表 2-2 布氏硬度测定的技术规范

材料种类	布氏硬度范围	试样厚度 /mm	负荷 P 与钢球直径 D 之间的关系	钢球直径 D /mm	负荷 P /kgf	负荷持续时间/s
钢铁（黑色金属）	140～450	＞6	$P = 30D^2$	10	3000	10
		3～6		5	750	
		＜3		2.5	187.5	
钢铁（黑色金属）	＜140	＞6	$P = 10D^2$	10	1000	10
		3～6		5	250	
		＜3		2.5	62.5	

材料种类	布氏硬度范围	试样厚度 /mm	负荷 P 与钢球直径 D 之间的关系	钢球直径 D /mm	负荷 P /kgf	负荷持续 时间/s
有色金属 及合金	31.8～130	>6	$P=10D^2$	10	1000	30
		3～6		5	250	
		<3		2.5	62.5	
有色金属 及合金	8～35	>6	$P=2.5D^2$	10	250	60
		3～6		5	62.5	
		<3		2.5	15.6	

布氏硬度的表示方法：若用淬火钢球压头 $D=10\text{mm}$，载荷 $F=29420\text{N}$ （即 3000kgf），保持载荷时间为 10s，测得的硬度为 280，则布氏硬度表示为 280HBS10/3000，即在 HB 之后标注 D/P/T。如果压头是淬火钢球，记为 HBS，压头用硬质合金球，则记为 HBW。

（2）布氏硬度测试的技术要求

① 被测金属表面必须光滑、清洁。

② 压痕距金属边缘的距离应大于钢球直径，两压痕之间的距离应大于钢球直径。

③ HB>450 的金属材料不得用布氏硬度计测定。

④ 用读数测微尺测量压痕直径 d 时，应从相互垂直的两个方向上测量，然后取其平均值。

⑤ 查表时，若使用的是 5mm、2.5mm 的钢球时，则应分别以 2 倍和 4 倍压痕直径查阅。

（3）布氏硬度计的结构及操作

HB-3000 型布氏硬度计的结构如图 2-6 所示。它利用杠杆系统将负荷加到金属表面上，加载和卸载负荷都是自动的。

2. 洛氏硬度

（1）洛氏硬度测量的基本原理

洛氏硬度测定常用的两种压头：一种是顶角为 120°的金刚石圆锥体，另一种是直径为 1/16 英寸（1.588mm）的淬火钢球。根据金属材料硬度的不同，选用不同的压头和负荷配合，形成 HRA、HRB 和 HRC 三种标尺。三种压头、负荷及应用范围可参考表 2-3。

表 2-3 洛氏硬度测定的技术规范

符号	压头类型	负荷/kgf	硬度值有效范围	使用范围
HRA	120°金刚石圆锥	60	>70	测量硬质合金、表面淬火层、渗碳层
HRB	1/16 钢球	100	25～100(HRB60～230)	测量有色金属、退火及正火钢
HRC	120°金刚石圆锥	150	20～67(HRC230～700)	测量调质钢、淬火钢

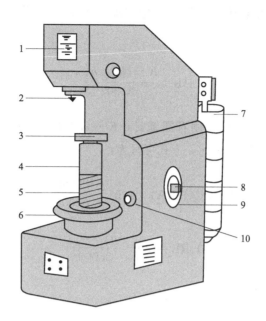

图 2-6　HB-3000 型布氏硬度计

1—指示灯；2—压头；3—工作台；4—立柱；5—丝杆；6—手轮；

7—载荷砝码；8—压紧螺钉；9—时间定位器；10—加载按钮

洛氏硬度测定时，需要施加两次负荷（初负荷和主负荷）。施加初负荷的目的是使压头与试样表面接触良好，以保证测量结果的准确性。图 2-7 中 0—0 为未加主负荷的位置，1—1 位置为加上 10kgf 初负荷后的位置，此时压入深度为 h_1。2—2 位置为加上主负荷后的位置，此时使压入深度为 h_2。h_2 包括由加负荷所引起的弹性变形和塑性变形。卸负荷后，由于弹性变形恢复，压头提高到 3—3 位置，此时压头的实际压入深度为 h_3。洛氏硬度就是以主负荷所引起的残余压入深度（$h = h_3 - h_1$）来反映材料的软硬。但是，如果直接用压入深度的大小表示硬度，将会出现硬金属硬度小，软金属硬度值大的现象，这与布氏硬度概念相矛盾。为了与习惯上数值越大硬度越高的概念相一致，需用一常数（K）减去（$h_3 - h_1$）的差值表示洛氏硬度值。为简便起见又规定

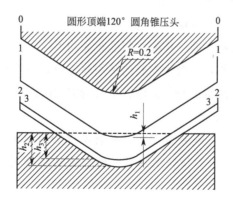

图 2-7　洛氏硬度测定原理

每 0.002mm 的压入深度作为一个硬度单位（即表盘上一小格）。如此，就得到洛氏硬度值的计算公式：

$$HR = \frac{K-(h_3-h_1)}{0.002} \quad (2-6)$$

式中，K 为常数，当采用金刚石圆锥时，$K=0.2$（用于 HRA、HRC），采用钢球时，$K=0.26$（用于 HRB）。为此，上式可写为：

$$HRC(HRA) = 100 - \frac{(h_3-h_1)}{0.002} \quad (2-7)$$

$$HRB = 130 - \frac{(h_3-h_1)}{0.002} \quad (2-8)$$

读数显微镜测量见图 2-8。

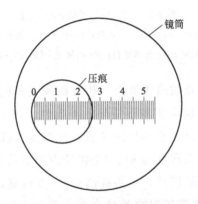

图 2-8　读数显微镜测量

（2）洛氏硬度实验的技术要求

① 被测金属表面必须光滑、清洁。

② 试样厚度不应小于压入深度的 10 倍。

③ 压痕距试样边缘及相邻两个压痕之间的距离均不应小于 3mm。

④ 测量三个部位，计算最后两次实验的平均硬度值，并作好记录。

⑤ 增加初负荷时，要注意试样与金刚石压头的突然碰撞，以免损坏金刚石压头。

（3）洛氏硬度计结构及操作

洛氏硬度计是由加、卸负载装置和测量装置两部分组成的（图 2-9）。前者通过杠杆和砝码加载，后者通过百分表测量压痕深度，即直接从百分表盘（图 2-10）上读取洛氏硬度值。

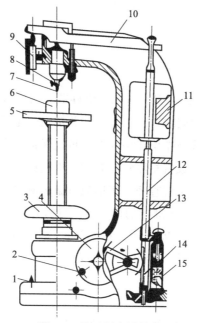

图 2-9　洛氏硬度计结构

1—按钮；2—手柄；3—手轮；4—转盘；5—工作台；6—试样；7—压头；8—压轴；
9—指示器表盘；10—杠杆；11—砝码；12—顶杆；13—扇齿；14—齿条；15—缓冲器

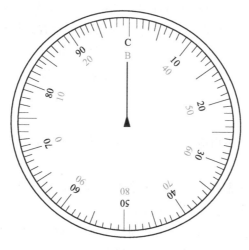

图 2-10　洛氏硬度计表盘

（一般内圈为红字，外圈为黑字）

三、实验仪器和材料

1. 实验仪器

布氏硬度计，洛氏硬度计，读数放大镜，硬度标块若干。

2. 实验材料

退火 20 钢、40 钢试块。

四、实验步骤

1. 布氏硬度测量

如图 2-6 所示，布氏硬度的测量方法是将试样放在实验台上，顺时针转动手轮将其提起，直到钢球被压紧并听到"裂纹"声。按下加载按钮，电机通过变速箱转动曲轴，连杆下降，负载通过吊环和杠杆系统作用在钢球上。负载保持一定时间后，电机自动运行，连杆上升，负载解除，杠杆和负载恢复原状。此时，电机停止运转，然后手轮反转，使样品台下降，取下样品，即可测出压痕直径。用读数显微镜测量出压头在试样表面上的压痕直径 d，如图 2-5 所示，计算出压痕球冠的面积 S，然后计算出单位面积所受的力，即得试样的布氏硬度值，用 HBS 或 HBW 表示。在实际操作时，不必用计算压痕面积去求得硬度值，只需测量出压痕直径 d 后，查表即得硬度值。

2. 洛氏硬度测量

实验过程中，先将试样置于试样台上，对准压头，顺时针转动手轮。当试样上升并接触压头时，缓慢转动手轮，使表盘上的短时针顺时针转动，直至对准红点。然后，转动表盘，使表盘上的长针指向起始位置（图 2-10）。此时，压头利用弹簧压缩的方式将 10kgf 预负荷加到试样上。然后将负荷手柄缓慢向后推（4～5s），将主负荷加到试样上。主负荷增加后，长针旋转停止，保持 1s 后，向前拉负荷手柄回到原来的位置。待长针停止转动后，长针指示的读数即为材料的硬度值。最后，逆时针转动手柄，试样台下降，并取下试样。读取洛氏硬度值时，HRC 和 HRA 读外圈黑色的 C 标尺，HRB 读内圈红色的 B 标尺。

3. 注意事项

① 试样两端应平行，表面应平整，如有油污或氧化皮，需用砂纸打磨，以免影响测定结果。

② 圆柱形试样应放在带有 V 形槽的工作台上操作，防止试样滚动。

③ 加载时应小心操作，以免损坏压头。

④ 测定硬度值，卸掉载荷后，压头必须完全离开试样，然后再取下试样。

⑤ 金刚钻压头质硬而脆，使用时应小心谨慎，严禁与试样或其他物件碰撞。

⑥ 根据硬度计的使用范围，按规定合理选用不同的载荷和压头，超过使用范围，将无法获得准确的硬度值。

五、思考题

1. 试分别说明布氏、洛氏硬度计的使用范围，对比其优缺点。

2. 分析各种试样硬度实验方法与实验条件的选择原则。

3. 试分析各种硬度实验的误差来源。

实验八

金属材料杨氏模量的测定

一、实验目的

1. 了解光杠杆法测量微小长度变化的原理。
2. 学会光拉伸法测量杨氏模量。
3. 掌握采用逐差法处理数据。

二、实验原理

1. 基本原理

物体在外力作用下将会发生形变，当外力不超过某一限度时，撤去外力后相应的形变随之消失，这种形变称为弹性形变。应力（tensile stress）是单位面积上所受到的力（F/S）。应变（tensile strain）是指在外力作用下的相对形变（相对伸长 $\Delta L/L$），它反映了物体形变的大小。根据胡克定律，在物体的弹性限度内，应力与应变成正比，其比例系数称为杨氏模量（Young's modulus，E）。

杨氏模量是描述固体材料抵抗形变能力的物理量。杨氏模量的大小标志了材料的刚性，杨氏模量越大，越不容易发生形变。杨氏模量的测定对研究金属材料、光纤材料、半导体、纳米材料、聚合物、陶瓷、橡胶等各种材料的力学性质有着重要意义。同时，杨氏模量还可用于机械零部件设计、生物力学、地质等领域。杨氏模量用公式表达为：

$$E = \frac{FL}{S\Delta L} \tag{2-9}$$

式中，F 为金属丝受到长度方向的外力；S 为金属丝的横截面积，设金属丝的直径为 d，$S = \frac{1}{4}\pi d^2$；L 为未加外力时金属丝的原长度；ΔL 为施加外力后金属丝的伸长量，由于 ΔL 非常小，直接测量很难得到精确数值，因此本实验中采用光杠杆放大原理进行测量。

2. 光杠杆放大原理

光杠杆是利用放大法测量微小长度变化的常用仪器，有很高的灵敏度。光杠杆两个前足尖放在弹性模量测定仪的固定平台上，而后足尖放在待测金属丝的测量端面上。金属丝受力产生微小伸长时，光杠杆绕前足尖转动一个微小角度，从而带动光杠杆反射镜转动相应的微小角度，这样标尺的像在光杠杆反射镜和调节反射镜之间反射，便把这一微小角位移放大成较大的线位移。

当钢丝的长度发生变化时，光杠杆镜面的竖直度必然要发生改变，改变后的镜面和改变前的镜面必然有一个角度差，用 θ 来表示。如图 2-11 所示，设平面镜 M 到标尺的距离为 D，主杠尖角到刀口的距离为 b。

$$\Delta L / b = \mathrm{tg}\theta = \theta \tag{2-10}$$

$$(n_i - n) / D = \mathrm{tg}2\theta = 2\theta \tag{2-11}$$

故

$$\Delta L = (n_i - n) b / 2D \tag{2-12}$$

(a)

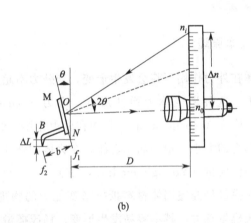

(b)

图 2-11 杨氏模量测定仪（a）以及光杠杆原理（b）示意图

将式（2-12）代入式（2-9），并利用 $S = \dfrac{1}{4}\pi d^2$ 得

$$E = \frac{8DFL}{(n_i - n) b \pi d^2} \tag{2-13}$$

三、实验仪器和材料

1. 实验仪器

杨氏模量测定仪，光杠杆，望远镜，标尺，支架，卷尺，螺旋测微器，游标卡尺等。

2. 实验材料

金属丝。

四、实验步骤

1. 检查

观察杨氏模量测定仪并仔细调整杨氏模量测定仪底脚螺钉，使固定金属丝的小圆柱位于平台圆孔中间处于水平状态。

2. 调节

调节光杠杆和望远镜，调节的目的是从望远镜中能够看清标尺刻度。

（1）粗调

将光杠杆放置在平台上，转动平面镜，使平面镜与平台垂直。将望远镜置于平面镜前1.10 m 左右，调节望远镜，使望远镜与平面镜等高，并对准镜面。仔细调节望远镜和平面镜的方向，直到能够从平面镜中找到标尺像为止。

（2）细调

将望远镜上方的缺口、准星与金属丝对齐（三点一线），从望远镜内观察，将平面镜的像调到中间。旋转望远镜目镜，看清分划板刻线，然后调节望远镜调焦手轮，同时微调平面镜的位置和角度，以便得到最清晰的标尺的像。

3. 测量

① 测量前预加一个 1.0kg 砝码，将钢丝拉直（此重量不计在外力 F 内）。用卷尺测出金属丝的原长度 L（读数时要估读到最小分度值的下一位）。再用螺旋测微计在金属丝的不同部位、不同方向测量 6 次直径 d_i，求其平均值 d 和金属丝的横截面积 S。

② 依次在砝码钩上加挂砝码（每次 1kg，加 8 次，并注意砝码应交错放置整齐，加减砝码时要轻拿轻放），待砝码静止后，记下相应的标尺读数 n_1，n_2，n_3，…，n_8，共8 个数值。然后依次减少砝码（每次 1kg）。记下相应的标尺读数 n'_8，n'_7，n'_6，…，n'_1，求两组对应数据的平均值 $\overline{n}_i$。为了充分利用实验数据，减小偶然误差，采用逐差法处理数据。

③ 用卷尺测量标尺平面到光杠杆平面镜的距离 D。测量时应注意保持卷尺处于伸直水平状态。

④ 取下光杠杆，将刀口及主杆尖脚印在纸上，用游标卡尺测量主杠尖脚至刀口间距离 b，测 6 次取平均值。

4. 实验完毕，整理仪器，打扫实验室

5. 注意事项

① 光学系统一经调好，在测量过程中不能再移动。

② 切勿用手触摸反射镜面和望远镜镜头。

③ 避免用力旋转望远镜调焦旋钮。

④ 加减砝码应平稳，防止产生冲击力。

⑤ 在望远镜中找标尺成像时，如果在视野中看到的不是尺子成像，而是周围的一些景物（比如自己的衣服、手、窗帘等），将望远镜相对于这些景物的方向移动，再将望远镜上方的缺口、准星、钢丝三点一线，从望远镜中观察。

⑥ 如果在望远镜中看到的标尺成像不均匀（部分清晰，部分模糊），那是由于望远镜的高低不合适，从望远镜中看到不完整的镜子成像。

6. 实验数据记录及处理

（1）实验数据记录（表 2-4）

表 2-4　实验数据记录表

测量项目	数值
金属丝的原长度 L	
金属丝的半径 d_i	$d_1=$　$d_2=$　$d_3=$　$d_4=$　$d_5=$　$d_6=$
主杠尖脚至刀口间距离 b	$b_1=$　$b_2=$　$b_3=$　$b_4=$　$b_5=$　$b_6=$
标尺读数 n	$n_1=$　$n_2=$　$n_3=$　$n_4=$　$n_5=$　$n_6=$　$n_7=$　$n_8=$ $n_8'=$　$n_7'=$　$n_6'=$　$n_5'=$　$n_4'=$　$n_3'=$　$n_2'=$　$n_1'=$

（2）实验数据处理

① 逐差法：将数据分成两组，$\bar{n}_1$、$\bar{n}_2$、$\bar{n}_3$、$\bar{n}_4$ 为一组，$\bar{n}_5$、$\bar{n}_6$、$\bar{n}_7$、$\bar{n}_8$ 为另一组，分别求出 $l_1=\bar{n}_5-\bar{n}_1$，$l_2=\bar{n}_6-\bar{n}_2$，$l_3=\bar{n}_7-\bar{n}_3$，$l_4=\bar{n}_8-\bar{n}_4$，它们是拉力变化 $F=1\text{kg}\times4=4\text{kg}$ 时相应的标尺读数之差，求 l_1、l_2、l_3、l_4 的平均值，这种分组相减的方法叫做逐差法，在数据处理中被广泛应用。

② 根据式(2-13)，求得所测金属丝的杨氏模量。

五、思考题

光杠杆放大法测量微小长度变化的原理是什么？

実验九

金属缺口试样冲击韧性的测定

一、实验目的

1. 了解冲击韧性的力学含义。

2. 了解冲击实验机的构造、工作原理、操作方法及安全事项。

3. 测定钢材和硬铝合金的冲击韧性，比较两种材料的抗冲击能力和破坏断口的形貌。

二、实验原理

材料在冲击载荷作用下，产生塑性形变和断裂过程吸收能量的能力，称为材料的冲击韧性。用实验方法测量材料的冲击韧性时，将材料制成标准试样，置于能实施冲击能量的试验机上进行的，并用折断试样的冲击吸收功来衡量冲击韧性。

冲击试验机由摆锤、机身、支座、度盘、指针等部件组成（图 2-12）。在试验过程中，将带有缺口的试样安放于试验机的支座上，举起摆锤使其自由下落将试样冲断。若摆锤重量为 G，冲击中摆锤的质心高度由 H_0 变为 H_1，势能变化为 $G(H_0 - H_1)$，转化为冲断试样所消耗的功 W，即冲击中试样所吸收的功为：

$$A_k = W = G(H_0 - H_1) \tag{2-14}$$

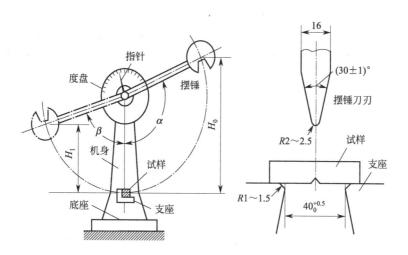

图 2-12　摆锤冲击试验机示意图

设摆锤质心至摆轴的长度为 l（称为摆长），摆锤的起始下落角为 α，击断试样后最大扬起的角度为 β，式(2-14) 又可写为：

$$A_k = Gl(\cos\beta - \cos\alpha) \tag{2-15}$$

式中，α 一般设计为固定值，为适应不同打击能量的需要，冲击试验机都配备两种以上不同重量的摆锤；β 则随材料抗冲击能力的不同而变化。

如事先用 β 最大可能变化的角度计算出 A_k 值并制成指示度盘，A_k 值便可由指针指示的位置从度盘上读出。A_k 值的单位为 J（焦）。A_k 值越大，材料的抗冲击性能越好。A_k 值是一个综合参数，不能直接用于设计，但可以作为抗冲击元件材料选择的重要指标。材料的内部缺陷和晶粒尺寸对 A_k 值有明显影响，因此冲击试验可以用来检验材料的质量，判定热加工和热处理工艺的质量。A_k 值对温度变化也很敏感，随着温度的降低，在某一狭窄的温度区间内，低碳钢的 A_k 值急剧下降，材料变脆，出现冷脆现象。因此，常温冲击试验一般在 $10\sim35℃$ 的温度下进行，对于 A_k 值对温度变化敏感的材料，应在 $(20\pm2)℃$ 的温度下进行试验。当温度不在这个范围内时，应注明试验温度。

冲击韧性 A_k 值与试样尺寸、缺口形状和支承方式有关。为了便于比较，国家标准规定两种形式的试样：①U 形缺口试样，尺寸如图 2-13 所示；②V 形缺口试样，尺寸如图 2-14 所示。另外，还有一种缺口深度为 5mm 的 U 形标准试样。当材料不能制成上述标准试样时，允许使用宽度 7.5mm 或 5mm 等的其他小尺寸试样，应在试样的窄面上开缺口。V 形缺口与深 U 形缺口适用于韧性好的材料。用 V 形缺口试样测得的冲击韧性记为 A_{kV}，U 形缺口试样则应加注缺口深度，如 A_{kU2}（缺口深度为 2mm）或 A_{kU5}（缺口深度为 5mm）。

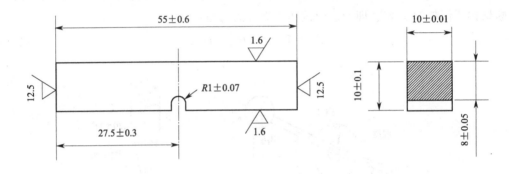

图 2-13　U 形缺口试样

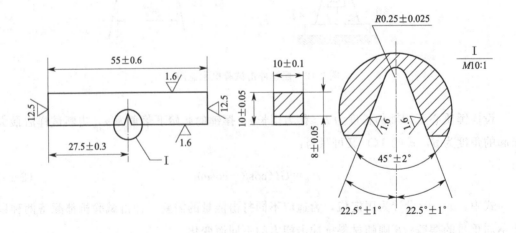

图 2-14　V 形缺口试样

在冲击过程中，由于试样缺口根部形成了较高的应力集中，吸收了较多的能量，缺口深度、曲率半径和角度大小都对试样的冲击吸收功有重要影响。为保证尺寸准确，应采用铣削、磨削或专用的拉床加工缺口，缺口底部应光滑，不应有与缺口轴线平行的刻痕。试样的制备亦应避免可能受到加工硬化或过热而影响其冲击性能。

三、实验仪器和材料

1. 实验仪器

摆锤式冲击试验机，游标卡尺，钢字，手锤。

2. 实验材料

待测定的冲击试样。

四、实验步骤

1. 试样准备

取试样，在末端编号。擦净试样并测量其尺寸。

2. 检查试验机

检查冲击试验机各电动开关是否正常，校正指针的零点位置，确定支座间距是否为40mm，是否对称。

3. 空打试验

试验机不放置试样，举起摆锤，将指示针（即从动针）拨至最大冲击能量刻度（数显冲击机调零），然后释放摆锤空打，指针偏离零刻度的示值（即回零差）不应超过最小分度值的1/4。如果回零差较大，应调整主针位置，直至空打从动针归零。

4. 冲击试验

提起摆锤，把试样放在试验机支座上并对中，把指针拨到表盘标尺的最大位置，释放摆锤让其冲击试样，试样冲断后立即刹车，记录表盘上指针所指示的冲击吸收功 A_{kU}（或 A_{kV}），然后把指针拨回。

5. 观察

用放大镜或体视显微镜观察试样的断口形貌。

6. 计算

计算每一个试样 A_{kU}（或 A_{kV}）的平均值，并用以计算 α_{kU} 或 α_{kV}。

7. 注意事项

① 使用不带保险销的机动冲击试验机或手动冲击试验机时，安装试样前，先把摆锤用木块搁置在支座上，将试样安装好后再举锤。

② 使用手动冲击试验机，当摆锤举到所需高度时，可听到销钉锁紧的声音，为避免冲断销钉，应轻轻放摆，不要在销钉未锁住前放手。摆锤下落尚未冲断试样前，不应将控制杆推向制动位置。

③ 在摆锤摆动范围内，任何人不得移动或放置障碍物，以确保安全。

④ 冲击试验机带有保险销，冲击前应先退销，然后释放摆锤冲击。

五、思考题

1. 为什么冲击韧性值 a_{kU} 不能用于定量换算，只能用于比较？

2. 冲击试样为什么要开缺口？

实验十

拉伸试验

一、实验目的

1. 了解万能材料试验机的结构和工作原理，掌握使用方法。

2. 掌握金属材料屈服强度 σ_s、抗拉强度 σ_b、断裂延伸率 δ 和断面收缩率 ψ 的测定方法。

3. 了解拉伸法测定弹性模量 E 的原理和方法。

二、实验原理

金属材料拉伸是金属材料力学性能测试中最重要的方法之一，即对一定形状的试样施加轴向拉力，一般拉至断裂，以测定材料的一项或几项力学性能。室温拉伸试验是测定材料力学性能的基本实验，可用于测定弹性模量 E、泊松比 ν、屈服强度 σ_s、比例极限 σ_p、抗拉强度 σ_b、断裂延伸率 δ 和断面收缩率 ψ 等，这些力学性能指标都是工程设计的重要依据。

1. 弹性模量 E 的测定

弹性模量是应力低于比例极限时应力与应变的比值，即

$$E = \frac{\sigma}{\varepsilon} = \frac{Fl_0}{A\Delta l} \tag{2-16}$$

在比例极限内，对试样施加拉伸载荷 F，测量标距 l_0 的相应伸长量 Δl 和试样的原始横截面积 A，得到弹性模量 E。在弹性形变阶段，试样的变形很小，需要高放大倍数的机

械式引伸仪，例如放大倍数为 2000 的球铰式引伸仪、数显电子引伸仪或激光式引伸仪。为了检验载荷与形变之间的关系是否符合胡克定律，减少测量误差，实验一般采用等增量法加载，即将载荷分成若干相等的加载等级 ΔF［见图 2-15（a）］，然后逐级加载。为保证应力不超出比例极限，在加载前估算试样的屈服载荷，取屈服载荷的 70%～80% 作为测定弹性模量的最大载荷 F_n。此外，为了使试验机夹紧试样，消除引伸仪和试验机结构之间的间隙以及开始阶段引伸仪刀刃可能在试样上滑动，应向试样施加初始载荷 F_0，F_0 可以是屈服载荷的 10%，从 F_0 到 F_n，载荷分为 n 级，n 不小于 5，所以

$$\Delta F = \frac{F_n - F_0}{n}(n \geqslant 5) \tag{2-17}$$

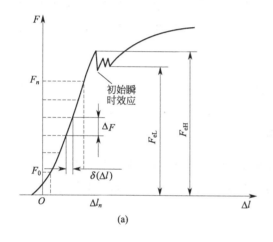
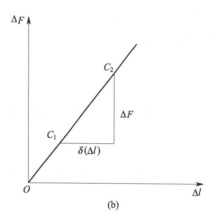

图 2-15 拉伸载荷-位移曲线示意图

以低碳钢为例，若其屈服强度 $\sigma_s = 300\text{MPa}$，试样直径 $d = 10\text{mm}$，则

$$F_0/\text{N} = \frac{1}{4}\pi d^2 \times \sigma_s \times 10\% = 2356（取为 3\text{kN 或 } 4\text{kN}） \tag{2-18}$$

$$F_n/\text{N} = \frac{1}{4}\pi d^2 \times \sigma_s \times 80\% = 18850（取为 18\text{kN 或 } 19\text{kN}） \tag{2-19}$$

在试验过程中，载荷从 F_0 到 F_n 逐级加载，每个阶段的载荷增量 ΔF 对应于每个载荷 $F_i(i = 1, 2, \cdots, n)$ 记录的相应的伸长量 Δl_i，Δl_{i+1} 与 Δl_i 的差值即为变形增量 $\delta(\Delta l)_i$，它是 ΔF 引起的伸长增量。在逐级加载中，如果得到的各级 $\delta(\Delta l)_i$ 基本相等，则表明 Δl 与 F 具有线性关系，符合胡克定律。完成一次加载过程，将得到一组 F_i 和 Δl_i 的数据，通过线性拟合方法得到：

$$E = \frac{\left(\sum F_i\right)^2 - n\sum F_i^2}{\sum F_i \sum \Delta l_i - n\sum F_i \Delta l_i} \cdot \frac{l_0}{A} \tag{2-20}$$

2. 屈服强度 σ_s 和抗拉强度 σ_b 的测定

屈服强度是材料开始产生宏观塑性形变时的应力，一般是指下屈服强度，即屈服期间

不计初始瞬时效应时的最低应力。测定 E 后，进行重新加载，记录载荷-形变（或位移）曲线，当达到屈服阶段时，低碳钢的拉伸曲线呈锯齿形［见图 2-15(a)］。屈服强度为：

$$\sigma_s = \frac{F_{eL}}{A} \tag{2-21}$$

式中 F_{eL}——屈服期间初始瞬时效应以后的最低载荷；

A——试样的原始横截面积。

对于记录有载荷-形变（或位移）曲线的试验机，可在试验结束后进入"分析"界面读取 F_{eL} 值或直接得到 σ_s。

屈服阶段后，试样进入强化阶段，其抵抗继续变形的能力恢复。当载荷达到 F_b 的最大值时，试样某一局部的截面明显减小，出现"缩颈"现象。此时，在测试"实时显示"窗口中显示最大载荷 F_b，然后载荷值迅速下降，直至试样被拉断。抗拉强度 σ_b 通过试样的原始横截面积 A 除以 F_b 获得，即

$$\sigma_b = \frac{F_b}{A} \tag{2-22}$$

3. 断裂延伸率 δ 及断面收缩率 ψ 的测定

试样拉断后，原始标距部分的伸长量与原始标距的百分比称为断裂延伸率，用 δ 表示。试样的原始标距长为 l_0，拉断后将两段试样紧密连接在一起，测量拉断后的标距长为 l_u，则断裂延伸率为：

$$\delta = \frac{l_u - l_0}{l_0} \times 100\% \tag{2-23}$$

断口附近塑性形变最大，因此 l_u 的量取与断口的部位有关。如断口发生在 l_0 的两端标记点或 l_0 以外，则试验无效，应重新进行。若断口距 l_0 的一端的距离小于或等于 $l_0/3$［见图 2-16(b)、(c)］，则按下述断口移中法测定 l_u。在拉断后的长段上，由断口处取约等于短段的格数得到点 B，若剩余格数为偶数［见图 2-16(b)］，取其一半得点 C，设 AB 长为 a，BC 长为 b，则 $l_u = a + 2b$。当长段剩余格数为奇数时［见图 2-16(c)］，取剩余格数减 1 后的一半得点 C，加 1 后的一半得点 C_1，设 AB、BC 和 BC_1 的长度分别为 a、b_1、b_2，则 $l_u = a + b_1 + b_2$。当采用 $l_0 = 11.3\sqrt{A}$ 或定标距试样（例如 $l_0 = 80\text{mm}$）时，测定的延伸率应加下标标注，如 $\delta_{11.3}$ 或 δ_{80}。对于 INSTRON 3365 万能材料试验机，断裂延伸率可根据应力-应变曲线直接读取。

断面收缩率 ψ 是拉断试样后，缩颈处横截面积的最大缩减量与原始横截面积的百分比，用 ψ 表示。设原始横截面积为 A，试样拉断后缩颈处的最小横截面积为 A_u，由于断口不是规则的圆形，应在两个相互垂直的方向上量取最小截面的直径，以其平均值 d_u 计算 A_u，然后按式(2-24)计算断面收缩率 ψ。

$$\psi = \frac{A - A_u}{A} \times 100\% \tag{2-24}$$

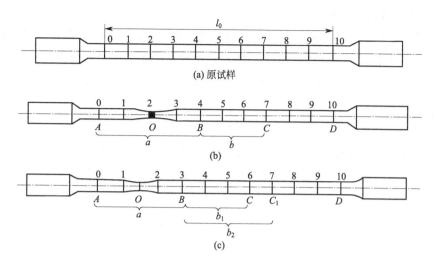

图 2-16 拉伸试样断裂后的示意图

三、实验仪器和材料

1. 实验仪器

INSTRON 3365 万能材料试验机，球铰式引伸仪或数显式电子引伸计，游标卡尺。

2. 实验材料

低碳钢拉伸试样，$l_0 = 5d$，将 l_0 十等分，用划线机刻画圆周等分线或用打点机打上等分点。

四、实验步骤

① 测量试样尺寸，在标距 l_0 的两端和中部三个位置上，用游标卡尺分别测量其直径，并计算出平均直径和平均横截面积。

② 按要求安装试样及引伸仪。

③ 打开万能材料试验机，使机器进入试验状态。

④ 打开与万能试验机相连接的计算机主机和 Bluehill 2 软件，根据试验要求选择试验方法，进入试验状态。

⑤ 测量弹性模量 E，先加载至 F_0，并在"实时显示"窗口中记录下初始读数。按照等增量法加载，加载应均匀缓慢，并随时检查载荷与试样形变关系是否符合胡克定律。载荷增加到 F_n，然后卸载。测定 E 的试验应重复三次。

⑥ 测定屈服强度 σ_s 和抗拉强度 σ_b，对于测量弹性模量 E 后的试样，先卸载并取下引伸仪。然后以一定速率（例如 $1\mathrm{mm \cdot min^{-1}}$）加载，直至试样拉断。对试验结果进行保存和分析，得到 F_{eL} 和 F_b。屈服强度 σ_s 和抗拉强度 σ_b 可直接从 INSTRON 3365 万能材

料试验机得到的试验结果中读取。

⑦ 拉伸完成后，取下试样，计算断裂延伸率 δ 及断面收缩率 ψ。断裂延伸率 δ 及断面收缩率 ψ 也可直接从 INSTRON 3365 万能材料试验机得到的试验结果中获得。

⑧ 拉伸完成后，退出 Bluehill 2 软件，关闭计算机，关闭万能材料试验机。

五、思考题

1. 拉伸法测定弹性模量 E 的依据是什么？测量时应注意什么？
2. 屈服强度 σ_s 和抗拉强度 σ_b 的含义分别是什么？工程实践中有什么应用？

第三章
材料的热学性能

―――――― 实验十一 ――――――

差热分析

一、实验目的

1. 了解差热分析的基本原理及仪器装置。
2. 学习使用差热分析的方法鉴定未知矿物。

二、实验原理

差热分析（differential thermal analysis，DTA）是研究相平衡与相变的动态方法中的一种。利用差热曲线的数据，工艺上可以确定材料的烧成程度及玻璃的转变与受控结晶等工艺参数，还可以对矿物进行定性、定量分析。

差热分析的基本原理是：在程序控制温度下，将试样与参比物质在相同条件下加热或冷却，测量试样与参比物之间的温差与温度的关系，从而给出材料结构变化的相关信息。

物质在加热过程中，由于脱水、分解或相变等物理化学变化，往往产生吸热或放热效应。差热分析通过精确测定物质加热（或冷却）过程中伴随物理化学变化的同时产生热效应的大小以及产生热效应时所对应的温度，从而达到对物质进行定性或定量分析的目的。

差热分析是将试样与参比物质（也称为惰性物质、标准物质或中性物质。参比物质在整个实验温度范围内不应该有任何热效应，其热导率、比热容等物理参数应尽可能与试样相同）放置于差热电偶的热端所对应的两个样品座上，并在同一温度场中加热。在试样加热过程中产生吸热或放热效应时，试样的温度就会低于或高于参比物质温度，差热电偶的冷端就会输出相应的差热电势，如果试样加热过程中不产生热效应，则差热电势为零。通过检流计的偏转来检测差热电势的正负，可以推测属于吸热或放热效应。通过将与参比物质对应的热电偶冷端与温度指示装置连接，可以检测出该物质物理化学变化时相对应的温度。

对于不同的物质，产生热效应的温度范围不同，差热曲线的形状亦不相同。相同实验条件下，将试样的差热曲线与已知物质的差热曲线进行比较，可以定性地确定试样的矿物组成。差热曲线的峰（谷）面积的大小与热效应的大小相对应，根据热效应的大小对试样进行定量估计。

三、实验仪器和材料

1. 实验仪器

差热分析装置主要由加热炉、差热电偶、样品座及差热信号和温度的显示仪表等所组成。

加热炉根据测量的温度范围不同，有低温型（800～1000℃以下）、中温型（1200℃以上）和高温型（1400～1600℃以下）三种。

差热电偶是把材质相同的两个热电偶的相同极连接在一起，另外两个电极作为差热电偶的输出极输出差热电势。

差热分析仪是将差热分析装置中的样品室、温度显示、差热信号采集及记录全部自动化的一种分析仪器。依据组合方式的不同，仪器有 DTA-TG 型和 DTA-DSC（differential scanning calorimetry）型。有的综合差热分析还可以同时测定加热过程中材料的热膨胀、收缩、比热容等。

2. 实验材料

待测试样与中性物质（$\alpha\text{-Al}_2\text{O}_3$）。

四、实验步骤

1. 按图 3-1 所示，检查装置的连接情况。

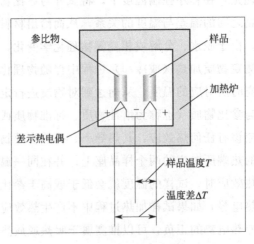

图 3-1　差热分析装置示意图

2. 打开差热仪各单元电源，将差热仪预热 20 min，再打开电炉电源。

3. 将试样与中性物质（α-Al₂O₃）分别放在对应的样品座内，样品装填密度应该相同。

4. 根据空白曲线的升温速率（一般在 10℃·min⁻¹ 左右）设置温控参数并升温。

5. 观察并打印差热曲线，实验结束后断开各单元电源。

6. 注意事项

① 升温前打开电炉水冷系统。

② 试样在坩埚中不宜加入过多，以免加热时溢出，污染容器，影响差热曲线的形态。

③ 用于对比分析的试样的测试条件必须保持完全一致。

④ 如果炉内可使用气氛，可按照实验要求通入气氛。

⑤ 测试完毕，应将电炉冷却到 300℃ 以下，才可停止循环水系统。

7. 数据处理

① 根据绘制出的差热曲线（如图 3-2 所示），标注差热曲线峰谷的起始、终止、峰值温度及外延起始温度。

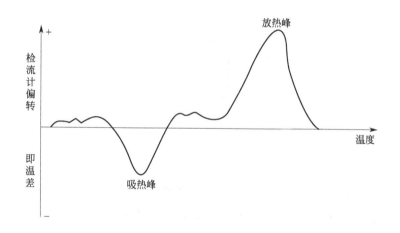

图 3-2 差热曲线（示例）

② 根据所测矿物差热曲线的峰谷温度、数目、形状及大小，解释每个峰谷的成因，初步确定所测矿物的物相。

8. 影响热分析的因素

（1）加热速率

加热速率显著影响热效应在差热曲线上的位置，如图 3-3 所示。在不同升温速率下，其差热曲线的形态、特征和反应出现的温度范围有明显的差异。一般情况下，升温速率增快，热峰（谷）变尖变窄，形态拉长，反应出现温度滞后。当升温速率较慢时，热峰（谷）变宽变矮，形态扁平，反应温度提前发生。

（2）热导率

材料的热导率对差热曲线的形状和峰谷面积有很大影响。因此，要求样品的热导

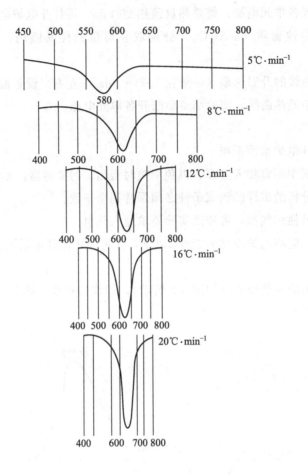

图 3-3　加热速率对高岭石脱水的影响

率接近中性物质的热导率。如果两者热导率和热容相差较大，即使样品没有发生热效应，也会因导热性不同而产生温度差，导致差热曲线的基线不呈一条水平线。因此，对于黏土与硅酸盐物质，选用煅烧过的氧化铝或刚玉粉。对于碳酸盐，则选用灼烧过的氧化镁。

（3）样品的物理状态

① 粒度：粉末样品的粒度大小直接影响热峰的温度范围和曲线形状。一般来说，粒度愈大，热峰产生的温度愈高，范围愈宽，峰形趋于平缓、宽。相反，则热效应温度偏低，峰形尖锐而狭窄。试样粒度一般过 4900 孔·cm^{-2} 筛较好。

② 试样的质量：一般用少量试样可获得较明显的热峰。试样太多时，由于热传导延缓，相近的两峰易合并。

③ 试样的形状和堆积：试样堆积最理想的方式是将粉状试样堆积成球形，从热交换观点看，球形试样可以没有特殊损失。为方便起见，可以用直径和高度与样品相同的圆柱体代替。试样的堆积密度与中性物质一致，否则在加热过程中，由于导热的不同，会引起差热曲线的基线偏移。

五、思考题

1. 和静态方法相比较，差热分析这种动态方法有什么优缺点？

2. 影响差热曲线峰谷温度变化的因素有哪些？在利用标准差热曲线来进行物相鉴定时，主要的鉴定依据是什么？

实验十二

线膨胀系数的测定

一、实验目的

1. 了解陶瓷材料线膨胀系数。

2. 掌握热膨胀仪的使用方法。

二、实验原理

陶瓷材料也与一般物体一样，温度升高时发生热膨胀，冷却时发生相应收缩。同时，在线性范围内，这种热胀冷缩的现象是可逆的。了解陶瓷材料线膨胀系数的准确数值，具有重要的现实意义。如果陶瓷制品的坯和釉的线膨胀系数相差较大，则会引起釉层的干裂和剥落。陶瓷材料的热稳定性随着其线膨胀系数的增大而降低。

陶瓷材料的热膨胀可用以下各式来表示：

$$两温度间平均线膨胀系数 = \frac{l_1 - l_0}{l_0(t_1 - t_0)}$$

$$两温度间线膨胀率 = \frac{l_1 - l_0}{l_0} \times 100\%$$

式中　t_0——最初温度，℃；

t_1——加热的最终温度，℃；

l_0——t_0 时试样的长度；

l_1——加热至 t_1 时试样的长度。

大多数陶瓷的热膨胀在一定的温度范围内是均匀变化的。例外情况是制品的结晶内有晶态转变。

陶瓷工业中经常测定的温度范围为 20～700℃，有时也测定 20～1300℃甚至更高温度时的线膨胀系数，这主要是由材料的性质决定的。

实验仪器为 RPZ-9 型全自动热膨胀仪，主要由记录仪、位移测量系统、温度控制系统、可控硅控制系统和加热系统组成。

温度控制系统的工作原理：在实现正常升温和降温时，可将电源中控制热电偶测量信号与机械程序中滑线电位器计算给定信号组成差输出给控制器，然后通过控制器改变供给电炉的电压、电流大小，从而控制电炉温度，达到自动调节的目的。当需要手动升温时，可由手动直接加入信号给控制器，控制改变供给电炉的电压、电流值，从而改变炉温。

温度测量仪是将电炉中测量热电偶直接记入记录仪中，记录炉温变化曲线，读取其温度值。

测量位移：试样在电炉中加热或冷却时，引起沿轴向长度发生变化（即位移量小的改变），此变化推动石英棒、推杆，使差动变压器产生电信号，再由位移测量单元放大后供给记录仪记录其位移量的大小。

三、实验仪器和材料

1. 实验仪器

RPZ-9 型全自动热膨胀仪。

2. 实验材料

陶瓷试样。

四、实验步骤

① 将加工好的长约 25～50mm 的被测试样放在石英托管内，用镍铬丝将测量热电偶及控制热电偶绑在管上，使之热端处于试样上半部位，将测量热电偶冷端与固定板相连，并引出补偿导线。将其通过插座插入冰瓶试管内，再由冰瓶引出，接入操纵箱上的接线栓"测量"。而将控制热电偶冷端直接插入冰瓶试管内，再接入接线栓"控制"。

② 移动电炉，使被测试样处于炉壁中心等温区，调整电炉底座螺钉，使之固定。

③ 先开电炉冷却水，再接通三相电源，最后按下仪器的开关。

④ 调整"温控""位移"单元，按下"电炉"加热，此时，可以观察其试样位移变化曲线。

⑤ 如果采用手动控制，则要根据测试要求尽可能使温度均匀上升，慢慢调节手动旋钮，使输出电压稳定上升。当达到最终温度时，把"手动"调至左边最小位置，电压输出为零。

⑥ 炉子是用水冷却的，当记录仪上曲线显示炉温约为 150℃ 时，关闭冷却水，关闭电源。

从记录仪上读取某位移量下的温度值。如当长为 l_0 时，温度为 t_0；长为 l_1 时温度为 $t_1(t_1 > t_0)$，则试样的线膨胀系数为：

$$\alpha = \frac{l_1 - l_0}{l_0} \times \frac{l}{t_1 - t_0} + 0.55 \times 10^{-6} = \frac{\Delta l}{l_0 \Delta t} + 0.55 \times 10^{-6} (\text{℃}^{-1})$$

式中，Δl 为温度从 $t_0 \rightarrow t_1$ 时试样的线性增长量，是在记录仪上所记录的位移长度；$0.55 \times 10^{-6} \text{℃}^{-1}$ 是石英玻璃的线膨胀系数。

五、思考题

1. 测定材料线膨胀系数的意义是什么？
2. 试分析实验中影响测定结果的因素。

实验十三

复合材料耐燃烧性及氧指数测定

一、实验目的

1. 明确氧指数的概念及其测定原理。
2. 掌握氧指数测定仪的使用方法，评价常见材料的燃烧性能。

二、实验原理

聚合物一般指分子量高达几千到几百万的化合物，是由许多相同的重复单元通过化学键连接而成的大分子。聚合物材料按性能和用途可分为塑料、橡胶、纤维、黏合剂、涂料和功能高分子材料。相对于传统材料如玻璃、陶瓷、水泥和金属等，聚合物材料是后起之秀，因其质轻、加工性好、价格低廉等优点而被广泛应用，遍及人们的衣食住行，成为工业、农业、国民经济和国防科技等领域的重要材料。但是大多数聚合物材料属于易燃、可燃材料，在燃烧时热释放速率大，热值高，火焰传播速度快，不易熄灭，还产生浓烟和有毒气体，对人们生命安全和财产造成了巨大的威胁。

材料的耐燃烧性是指材料在含有氧气的环境中抵抗燃烧的能力。一般可通过与阻燃剂复合的方式来提高聚合物材料的耐燃烧性。其优点是方法简单，成本较低，能够较灵活地调节聚合物材料的阻燃性能，满足生产生活实际应用的需要，是一种广泛采用的方法。表征聚合物基复合材料燃烧性能的实验方法较多，常用的有水平垂直燃烧法、烟密度法、热重分析法和氧指数法等。

水平垂直燃烧法是采取一定的火焰高度和一定的施焰角度对呈水平或垂直状态的试样定时点燃若干次，以线性燃烧速率（水平法）和有焰无焰时的燃烧时间（垂直法）来评价材料的燃烧性能。此法适用于塑料表面火焰传播实验，仅用于评价塑料的燃烧性能（GB/T 2408—2008）。

烟密度法是根据聚合物材料燃烧时产生的烟密度来表征其燃烧性能的实验方法。聚合物材料在烟箱中燃烧产生烟气，烟气中固体尘埃对通过烟箱的光反射，造成光通量的损失。通过测量光通量的变化来评价烟密度大小，烟密度越大，表明材料的发烟量越大，从而确定在燃烧和分解条件下聚合物材料可能释放烟的程度。该方法仅适用于评定在规定条件下聚合物材料的发烟性能（GB/T 8323.2—2008）。

热重分析法是在程序控制温度下，测量物质的质量与温度关系的一种方法，能准确地测量物质的质量变化及变化的速率。热重分析通常用于分析研究材料的热稳定性和热降解行为，由于聚合物材料在高温下的热降解行为直接决定了其燃烧性能，因此可以间接地反映其燃烧性能。

氧指数（oxygen index，OI）法是指在规定的实验条件下，试样在氧氮混合气氛中，进行有焰燃烧时所需要的最低氧气浓度，以氧气所占的体积分数表示。即在该物质引燃后，能够持续燃烧时长为3min或者燃烧长度达到50mm时所需要的最低氧气的体积分数（GB 2406.1—2008）。具体操作时，把一定尺寸的试样用试样夹垂直夹持于透明燃烧筒内，通入一定比例混合的氧、氮气流，点燃试样的顶端，观察随后的燃烧现象，记录持续燃烧时间或燃烧过的距离，并与规定值比较，超过规定值就降低氧浓度，不足就增加氧浓度，如此反复操作，从上下两端逐渐接近规定值，至两者的浓度差小于0.5％。氧指数法具有良好的重现性，数据结果可以直观地反映材料的燃烧性能，且操作简单，测试方便，是一种广泛使用的用于评估材料燃烧性能的测试方法。一般认为，OI＜22，属于易燃材料；22≤OI＜27，属于可燃材料；OI≥27，属于难燃材料。氧指数越大，表明材料的阻燃性能越好。表 3-1 是常见聚合物的氧指数，从表中可知，大多数聚合物的氧指数都小于27，因此需要与阻燃剂复合进行阻燃改性。

表 3-1　常见聚合物的氧指数

聚合物名称	OI	聚合物名称	OI
聚甲醛(POM)	14.9	聚碳酸酯(PC)	24.9
聚氨酯(PU)	17	聚氯乙烯(PVC)	44
环氧树脂(EP)	19.8	酚醛树脂(PF)	30
聚乙烯(PE)	17.4	聚苯醚(PPO)	30
聚丙烯(PP)	18	聚砜(PSF)	32
聚苯乙烯(PS)	18.1	聚酰亚胺(PI)	36
聚甲基丙烯酸甲酯(PMMA)	17.3	聚苯硫醚(PPS)	40
对苯二甲酸丁二醇酯(PBT)	20	聚苯并咪唑(PBI)	58
对苯二甲酸乙二醇酯(PET)	20.6	聚偏二氯乙烯(PVDC)	60
聚酰胺(PA66)	24.3	聚四氟乙烯(PTFE)	95

三、实验仪器和材料

1. 实验仪器

本次实验采用的氧指数测定仪装置示意图如图 3-4 所示,主要组成如下:

燃烧筒:高 450 mm,内径 75～80mm,材质为耐热玻璃。将燃烧筒的下端插入基座,并在基座中填充直径为 3～5mm 的玻璃珠,填充高度为 100mm。在玻璃珠上方放置一个金属网,以遮挡燃烧滴落物。

试样夹:在燃烧筒轴心位置用于固定待测样条,一般为金属弹簧片。

流量控制系统:由压力表、稳压阀、调节阀、转子流量计(最小刻度为 0.1 L·min^{-1})及管路组成。计量后的氧、氮混合气体由燃烧筒的底部进入,向上流出。

点火器:喷嘴内径为 1～3mm,通过引燃可燃气体来调节火焰长度,实验时控制火焰长度为 10mm,喷嘴从燃烧筒顶端垂直向下点燃待测样条。施加火焰时间每次最长为 30s。

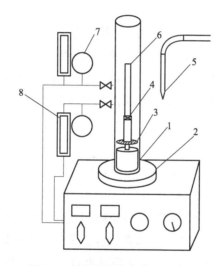

图 3-4 氧指数测定仪装置示意图

1—玻璃燃烧筒;2—基座;3—金属网;4—试样夹;5—点火器;6—样条;7—压力表;8—转子流量计

2. 实验材料

阻燃 PP 复合片材 120mm×[(10±0.5)mm]×[(4±0.5)mm],每组 6～10 个,表面干净、平整光滑,无气泡、裂纹、飞边和毛刺等缺陷,在距离点燃端 50mm 处划一条刻线。

四、实验步骤

依据 GB 2406.1—2008。

1. 安装试样

打开燃烧筒,将阻燃 PP 复合片材样条(离点燃端 50mm 处划线)垂直地固定在试样夹上，罩上燃烧筒后，保证样条顶端和燃烧筒顶的距离至少大于 100mm。

2. 确定起始氧浓度

基于类似材料或者观察样品在空气中的着火情况进行选择。如果样品燃烧迅速，选择 18%（体积分数）的初始氧气浓度；如果样品燃烧缓慢或不稳定，选择 21%（体积分数）的起始氧气浓度；如果样品在空气中不连续燃烧，则选择的初始氧气浓度至少为 25%（体积分数）。

3. 通气并调节流量

操作流量控制系统得到稳定流速的氧、氮气流，保证氧气浓度达到设定值后，以 $40mm \cdot s^{-1} \pm 2mm \cdot s^{-1}$ 的流速自下而上通过燃烧筒。在点燃试样前至少用混合气体冲洗燃烧筒 30s 以排除空气，并且确保气体流速在点燃及试样燃烧期间不发生变化。

4. 点燃试样

将点火器火焰的最低部分施加于阻燃 PP 复合样条的顶部中央，勿使火焰碰到样条的侧面和棱角，施加火焰 30s，每隔 5s 移开一次，移开时恰好有足够时间观察试样的整个顶端是否处于燃烧状态。在每增加 5s 后，若观察到整个样条顶端持续燃烧，则立即移开点火器，此时试样被点燃，并开始记录燃烧时间和观察燃烧长度。

5. 确定临界氧浓度

点燃阻燃 PP 复合样条后，立即开始记录燃烧时间和观察燃烧长度。若阻燃 PP 复合样条的燃烧时间超过 3 min 或燃烧长度超过 50mm，说明氧气浓度过高，则降低氧浓度后更换样条重新实验；若阻燃 PP 复合样条燃烧时间短于 3min 或长度小于 50mm，说明氧气浓度过低，则升高氧浓度后更换样条重新实验。重复上述步骤直到找到相邻的两个氧浓度，两个氧浓度之差不大于 0.5%，并且现象分别符合氧气浓度过高和氧气浓度过低。

6. 按上述要求重复进行三次实验，最后依据实验结果确定氧指数 OI

计算满足要求的两个相邻氧体积浓度数值的平均值，即可得到氧气指数 OI，并依此评价阻燃 PP 复合片材的燃烧性能。

五、思考题

1. 为什么要控制以及如何控制聚合物基复合材料的耐燃烧性？
2. 常见的评价复合材料燃烧性能的实验方法有哪些？
3. 什么是氧指数？如何用氧指数来评价材料的燃烧性能？
4. 实验中的注意事项有哪些？如何提高实验数据的准确性？

不良导体热导率测定

一、实验目的

1. 了解热传导现象的物理过程。
2. 学习用稳态平衡法测量材料的热导率。
3. 学习用作图法计算冷却速率。
4. 掌握一种用热电转换方式进行温度测量的方法。

二、实验原理

热导率（导热系数）是反映材料导热性能的物理量，它不仅是评价材料的主要依据，也是应用材料时的一个设计参数，在加热器、散热器、传热管道及房屋设计等工程实践中有着重要的应用。不良导体热导率的测定是热学中的一项重要实验。

为了测定材料的热导率，首先从其定义及其物理意义入手。热传导定律指出：如果热量沿着 Z 方向传导，那么在 Z 轴上任一位置 Z_0 处取一个垂直截面积 dS，以 $\dfrac{dQ}{dt}$ 表示在该处的传导速率（单位时间内通过截面积 dS 的热量），那么传导定律可表示成：

$$dQ = -\lambda \left(\frac{dT}{dt} \right)_{Z_0} dS\, dt \qquad (3\text{-}1)$$

式中的负号表示热量从高温区向低温区传导（即热传导的方向与温度梯度的方向相反），比例系数 λ 即为热导率。可见热导率的物理意义为：在温度梯度为一个单位的情况下，单位时间内垂直通过单位面积截面的热量。

利用式（3-1）测量材料的热导率 λ，需解决的关键问题有两个：一个是在材料内造成一个温度梯度 $\dfrac{dT}{dZ}$，并确定其数值；另一个是测量材料内由高温区向低温区的传热速率 $\dfrac{dQ}{dt}$。

1. 温度梯度 $\dfrac{dT}{dZ}$

为了在样品内形成温度梯度分布，可将样品加工成平板状，并将其夹在两块良导体铜板之间，分别保持在恒定温度 T_1 和 T_2 下，且样品厚度（h）小于样品直径（D）。因此，由于样品侧面积比平板面积小得多，由侧面散发的热量可忽略不计，可以认为热量沿垂直于样品平面的方向上传导，即在这个方向上只有一个温度梯度。由于铜是热的良导体，在平衡状态下时，可以认为在同一铜板上的任何地方和样品内同一平行平面上的任何地方的温度都是相同的。因此，只要测量样品的厚度 h 和两块铜板的温度 T_1、T_2，就可以确定样品内的温度梯度 $\dfrac{T_1-T_2}{h}$。当然，这需要铜板与样品表面紧密接触（没有间隙），否则中间的空气层会产生热阻，使温度梯度测量不准确。

为了保证样品中温度场的分布具有良好平衡性，将样品及两块铜板加工成等尺寸的圆形。

2. 传热速率 $\dfrac{\mathrm{d}Q}{\mathrm{d}t}$

单位时间内通过截面积的热量 $\mathrm{d}Q/\mathrm{d}t$ 是一个无法直接测定的量，设法将这个量转化为较为容易测定的量。为了保持恒定的温度梯度分布，高温侧铜板必须连续加热，热量通过样品传递到低温侧铜板，而低温侧铜板必须不断地向周围环境散热。当加热速率、传导速率和散热速率相等时，系统就达到动态平衡状态，称为稳态。在这种情况下，低温侧铜板的散热速率就是样品内的传热速率。因此，只要在稳态温度 T_2 下测量低温侧铜板散热的速率，也就间接测量了样品内的传热速率。但是铜板的散热速率也不易测量，还需要进一步作参数转换。铜板的散热速率与其冷却速率（温度变化率 $\dfrac{\mathrm{d}Q}{\mathrm{d}Z}$）有关，其表达式为：

$$\left.\frac{\mathrm{d}Q}{\mathrm{d}Z}\right|_{T_2}=-mc\left.\frac{\mathrm{d}T}{\mathrm{d}t}\right|_{T_2} \tag{3-2}$$

式中　m——铜板的质量；

　　　c——铜板的比热容，负号表示热量向低温方向传递。

因为质量易于直接测量，c 为常数，因此将铜板散热速率的测量转化为低温侧铜板冷却速率的测量。可测量铜板的冷却速率：达到稳态后，取出样品，用加热铜板直接对下金属铜板加热，温度高于稳定温度 T_2（约高出 $10℃$），使其在环境中自然冷却，直至温度低于 T_2，测量温度在大于 T_2 到小于 T_2 的范围内随时间变化，绘制 $T\text{-}t$ 曲线，曲线在 T_2 处的斜率就是铜板在稳态温度 T_2 下的冷却速率。

应该注意的是，这样得出的 $\dfrac{\mathrm{d}T}{\mathrm{d}Z}$ 是在铜板全部表面暴露于空气中的冷却速率，其散热面积为 $2\pi R_{\mathrm{P}}^2+2\pi R_{\mathrm{P}} h_{\mathrm{P}}$（其中 R_{P} 和 h_{P} 分别是下铜板的半径和厚度），然而，在实验的稳态传热过程中，铜板的上表面（面积为 πR_{P}^2）被样品覆盖，由于物体的散热速率与其面积成正比，所以稳态下的铜板的散热速率表达式应修正为：

$$\frac{\mathrm{d}Q}{\mathrm{d}t}=-mc\frac{\mathrm{d}T}{\mathrm{d}t}\cdot\frac{\pi R_{\mathrm{P}}^2+2\pi R_{\mathrm{P}} h_{\mathrm{P}}}{2\pi R_{\mathrm{P}}^2+2\pi R_{\mathrm{P}} h_{\mathrm{P}}} \tag{3-3}$$

根据前面的分析，这个量就是样品的传热速率。

将式（3-3）代入热传导定律表达式，并考虑到 $\mathrm{d}S=\pi R_{\mathrm{P}}$，可以得到热导率：

$$\lambda=-mc\frac{2h_{\mathrm{P}}+R_{\mathrm{P}} h_{\mathrm{P}}}{2h_{\mathrm{P}}+2R_{\mathrm{P}}}\cdot\frac{1}{\pi R_{\mathrm{P}}^2}\cdot\frac{h}{T_1-T_2}\cdot\left.\frac{\mathrm{d}T}{\mathrm{d}t}\right|_{T=T_2} \tag{3-4}$$

式中　h——样品的厚度；

　　　m——下铜板的质量；

c——铜板的比热容；

R_P、h_P——下铜板的半径和厚度。

式（3-4）右侧各项为常量或直接易测量。

三、实验仪器和材料

1. 实验仪器

YBF-3 热导率测试仪，冰点补偿装置，塞尺。

2. 实验材料

测试样品（硬硅、硅橡胶、胶木板）。

四、实验步骤

① 测量必要的物理量，如样品和下铜板的几何尺寸和质量等，然后取多次测量的平均值。其中铜板的比热容 $c = 0.385\text{kJ} \cdot \text{kg}^{-1} \cdot \text{℃}^{-1}$。

② 设定加热温度。

③ 圆筒发热盘侧面和散热盘侧面是用于安装热电偶的小孔，安放时，两孔应与冰点补偿器在同一侧，以免线路错乱。热电偶插入小孔时，应涂些硅脂，并插到洞孔底部，保证接触良好，热电偶冷端与冰点补偿器信号输入端相连。

根据稳态法的原理，必须得到稳定的温度分布，这就需要较长的等待时间。

手动控温测量热导率时，控制方式开关置"手动"。将手动选择开关置"高"挡，根据目标温度加热一定时间后再置"低"挡。根据温度变化要手动控制"高"挡或"低"挡加热。然后，每隔5min读取一次温度示值，如果样品上、下表面温度 T_1、T_2 在一段时间内保持不变，则可以认为已达到稳定状态。

自动 PID 控温测量时，控制方式开关设置为"自动"，手动选择开关设置为中间刻度值，如果样品上、下表面温度 T_1、T_2 在一段时间内保持不变，则可以认为已达到稳定状态。

④ 记录稳态时 T_1 和 T_2 值后，移去圆筒，让下铜板所有表面均暴露于空气中，使下铜板自然冷却。每隔30s读取并记录下铜板的温度示值。直至温度下降至 T_2 以下一定值。作铜板的 $T\text{-}t$ 冷却速率曲线（选取邻近的 T_2 测量值以计算冷却速率）。

⑤ 根据式（3-4）计算样品的热导率 λ。

⑥ 在本实验中，采用铜-康铜热电偶测量温度，当温差为 100℃ 时，温差电动势约为 4.0mV，因此应配用量程为 0～20mV、能读出 0.01mV 的数字电压表（数字电压表前端采用自稳零放大器，无需调零）。由于热电偶冷端温度为 0℃，当温度变化范围不大时，其温差电动势（mV）与待测温度（℃）的比值是一个常数。因此，当使用式(3-3)进行计算时，电动势值可以直接用于表示温度值。

⑦ 测量并记录测量样品、下铜板的几何尺寸和质量等物理量，多次测量后取平均值。

⑧ 记录样品上、下表面温度 T_1、T_2，确定体系达到稳定状态。

⑨ 测量下铜板在稳态值 T_2 附近的散热速率，绘制 $T\text{-}t$ 曲线，求得冷却速率。

⑩ 计算测量材料的热导率，分析实验误差产生的原因。

五、思考题

1. 稳态时，铜板散热速率的表达式为（　　）。

A. $\dfrac{\mathrm{d}Q}{\mathrm{d}t}=-mc\,\dfrac{\mathrm{d}T}{\mathrm{d}t}\cdot\dfrac{\pi R_P^2+2\pi R_P h_P}{2\pi R_P^2+2\pi R_P h_P}$　　　B. $\left.\dfrac{\mathrm{d}Q}{\mathrm{d}Z}\right|_{T_2}=-mc\left.\dfrac{\mathrm{d}T}{\mathrm{d}t}\right|_{T_2}$

C. $\mathrm{d}Q=-\lambda\left(\dfrac{\mathrm{d}T}{\mathrm{d}t}\right)_{Z_0}\mathrm{d}S\,\mathrm{d}t$

D. $\lambda=-mc\,\dfrac{2h_P+R_P h_P}{2h_P+2R_P}\cdot\dfrac{1}{\pi R_P^2}\cdot\dfrac{h}{T_1-T_2}\cdot\left.\dfrac{\mathrm{d}T}{\mathrm{d}t}\right|_{T=T_2}$

2. 为什么测量时需要铜板与样品表面紧密接触？（　　）

A. 减少传热速率的测定误差　　　　　B. 减少温度梯度的测量误差

C. 减少散热速率的测量误差　　　　　D. 减少冷却速率的测量误差

3. 实验仪器包括（　　）。

A. 上铜板、下铜板、测定样品、塞尺

B. 热电偶、铜板、冰点补偿装置、测定样品

C. 热电偶、数字电压表、冰点补偿装置、铜板

D. 热导率测定仪、冰点补偿装置、测定样品、塞尺

实验十五

陶瓷材料烧结温度与烧结温度范围的测定

一、实验目的

1. 掌握烧结温度与烧结温度范围的测定原理和方法。

2. 了解影响烧结温度与烧结温度范围的复杂因素。

二、实验原理

烧结是将粉末状固体加热，使其内部质点发生迁移，气孔被填充从而致密化的过程。烧结可以分成固相烧结和液相烧结两种不同类型。固相烧结的烧结温度在熔点以下，一般为其绝对熔点的 2/3 或 4/5。液相烧结多用于烧结合金零件，烧结温度在高熔点成分的熔点和低熔点成分的熔点之间，烧结过程中有液相的存在。对于我们所研究的陶瓷材料而言，都采用固相烧结法对其进行烧结，烧结的温度低于材料的熔点。制品经过烧结后密度

显著提高，强度也将会大幅提升，宏观性能发生明显改变。烧结是一个复杂的过程，在该过程中，由于陶瓷材料成分的不同，烧结时传质方式和传质速率也各不相同，因而经烧结后宏观性能的改变也大相径庭。为了能够实现预期的烧结效果，可以通过观察宏观性能的改变与温度和时间的关系来确定烧结的条件，并以此深入分析其烧结的机理。

本实验通过将试样在不同的温度下进行烧结，根据烧结后试样的外貌特征、气孔率、体积密度以及收缩率等来研究烧结温度对材料性能的影响。通过绘制气孔率、收缩率与温度的关系曲线，在曲线中找出气孔率最小时的温度值，该温度值便是烧结温度。

实验中通过基于阿基米德原理的煤油法来测量陶瓷烧结前后的密度和气孔率，从而来研究材料的烧结温度。由阿基米德定律可知，液体中的任何物体都要受到浮力的作用，浮力的大小等于该物体排开液体的质量。将物体浸入已知密度的液体中，测量其此时质量就可以求出物体的体积。实际应用时，空气浮力的影响一般可以忽略。首先，测量样品在空气中的质量 m_1（干重）。然后，将样品置于煤油中直至完全淹没，当样品饱和吸收煤油后，将饱和样品迅速移至金属丝网并悬挂在具有溢流管的煤油容器中，称取饱和试样在煤油中的质量 m_2。最后，将样品表面煤油擦拭干净，称量其在空气中的饱和质量 m_3。由此可以计算试样的体积 V：

$$V=\frac{m_3-m_2}{\delta_{煤油}} \tag{3-5}$$

材料的气孔率 P 也可通过下面的公式计算：

$$P=\frac{m_3-m_1}{m_3-m_2}\times100\% \tag{3-6}$$

三、实验仪器和材料

1. 实验仪器

高温炉，烘箱，天平，烧杯，煤油，金属网。

2. 实验材料

陶瓷试样，石英粉。

四、实验步骤

① 称量干燥后的试样质量。
② 通过煤油法测量体积以及气孔率。
③ 将试样装入高温炉中，设定升温曲线，并按照取样温度进行取样。
④ 将取出试样放入烘箱中烘至恒重，再放入干燥器内，冷却至室温。
⑤ 通过煤油法测量烧结后试样的体积以及气孔率，对于900℃以上烧结的样品，要将样品浸入水中测量其体积以及吸水率。

$$P_{吸水} = \frac{m_2 - m_1}{m_1} \times 100\% \tag{3-7}$$

式中，m_2 是饱和吸水后试样的质量；m_1 是试样在空气中的质量。从烧结温度使得体积收缩率和密度维持最大开始，到 $P_{吸水} \leq 0.05\%$ 时的温度，即为烧结范围。

⑥ 整理数据，作图确定烧结温度以及烧结范围。

五、思考题

1. 为何要确定陶瓷材料的烧结温度？
2. 如何确定陶瓷材料的烧结温度？
3. 为什么 900℃ 以上烧结样品需要浸入水中测量其体积以及吸水率？

实验十六

热膨胀法测金属的相变点

一、实验目的

1. 理解金属相变点的含义。
2. 了解热膨胀仪的结构并掌握其使用方法。

二、实验原理

固体材料的相变十分常见，即使是纯金属如铁、钛以及锡等，在不同的温度、压力或磁场等条件下都有着不同的晶体结构或者说是相。和成分类似，处于不同相的金属材料将表现出截然不同的性质，比如锡在室温下具有良好的延展性，而当温度过低时则从 β 锡转变为粉末状 α 锡。不同相的材料不仅具有不同的机械性能，还具有不同的电学和磁学性能，如不同相的铁有的显示出铁磁性而有的则表现出顺磁性。因此，确定材料的相变点对于材料的研究和应用有着重要的意义。

物体有热胀冷缩的现象，当温度升高或降低时，材料的体积会随之发生相应的膨胀或收缩。人们通过热膨胀系数来度量材料的热膨胀程度，其具体定义是在一定压力下，单位温度变化所导致的长度或体积的相对变化量。当温度改变 1℃ 时，物体在某一方向上长度的相对变化量，被称为平均线膨胀系数。与之相类似，当温度升高 1℃ 时，材料体积随温度升高而发生的相对变化量被称为平均体膨胀系数。绝大多数情况下，平均体膨胀系数约为平均线膨胀系数的 3 倍，因此，通常采用线膨胀系数来反映材料的热膨胀程度，其可以通过如下公式计算：

$$\alpha = \frac{dl}{L\,dt} = \frac{L_1 - L_2}{L(T_1 - T_2)} \tag{3-8}$$

热膨胀本质是晶格点阵的非简谐振动。当物体在 0K 温度时，原子将处在平衡位置之上。当温度升高之后，原子开始有热运动，其在平衡位置附近振动。并且温度越高，振动越剧烈。当原子相互靠近时，斥力与引力同时增加，但斥力增加的速率远大于引力增加的速率。当原子相互远离时，斥力与引力同时减小，但斥力减小的速率要远大于引力减小的速率。因此，原子振动的中心位置将发生右移，宏观上表现为材料的体积增加。

固体材料的热膨胀是由晶格振动加剧而导致的体积增加。而晶格振动的加强，也就意味着体系的总能量的增加，这部分增加的能量源于温度的升高。这与热容的定义十分类似，因此我们可以知道材料的热膨胀系数与热容有着密切的关系以及相似的变化规律。格留涅申从晶格的振动理论推导出体膨胀系数与热容之间的关系：

$$\alpha_V = \frac{\gamma}{KV} C_V \tag{3-9}$$

式中，α_V 为体膨胀系数；K 为热力学零度时的体积弹性模量；V 为体积；C_V 为恒容热容，γ 为常数，是表示原子非线性振动的物理量。

热容在低温时随温度的升高而急剧增大，而在高温时其变化趋于平缓。对于热膨胀系数而言，也有着类似的变化规律，但是在一定温度范围内，其变化不大，且变化也是较为均匀的。此外，热膨胀系数还与晶格结构紧密相关。对于结构紧密的材料而言，由于原子间距离比较小，当温度升高时，材料将发生明显的膨胀。对于结构比较松散的材料，由于原子间存在大量的空间，当温度升高时，原子有足够的空间发生较为剧烈的振动，因此其热膨胀效果并不明显。但是，如果材料在升温的过程当中发生相变，材料的晶格结构将发生显著的变化，此时热膨胀系数将发生显著变化。因此可以利用长度或体积的突变来确定相变对应的温度。

钢是碳在铁晶格中溶解形成固溶体。碳溶解到 α 铁中的固溶体被称为铁素体；溶解到 γ 铁中的固溶体称为奥氏体。而渗碳体则是碳和铁以一定比例化合成的金属化合物，分子式为 Fe_3C，含碳量为 6.69%。珠光体是铁素体和渗碳体一起组成的机械混合物，珠光体组织的碳的平均质量分数为 0.77%。马氏体是碳在 α 铁中的过饱和固溶体，可以通过快速冷却奥氏体来得到，这时碳来不及扩散，只是 γ 铁的晶格转变为 α 铁的晶格。由于 γ 固溶体原子排列比 α 固溶体紧密，一般而言，马氏体（M）、铁素体（F）、珠光体（P）、奥氏体（A）、碳渗体（C）具有如下的长度变化规律：M＞F＞P＞A＞C。

图 3-5 为亚共析钢样品加热后温度与伸长量之间的关系，从室温到 A_{C1}，随温度的升高，样品不断伸长。过了 A_{C1} 后，珠光体转变为奥氏体，长度减少，温度-伸长量曲线上出现转折点。在 A_{C1} 到 A_{C3} 的区间，铁素体不断向奥氏体转变，同时铁素体以及新转变出的奥氏体还将因温度升高而发生膨胀，此时温度-伸长量曲线中的数值为两者之差。当升温到 A_{C3} 时，样品已全部转变为奥氏体，温度升高，样品不断伸长，此时表现出奥氏体的体积膨胀。

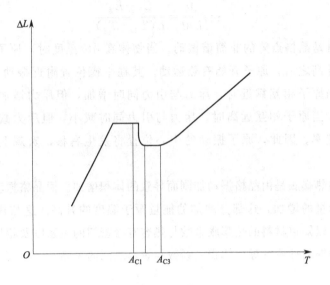

图 3-5　亚共析钢加热过程中温度-伸长量曲线

　　亚共析钢的相变点可以采用示差法通过测量样品的温度-伸长量曲线来确定。示差法是一种常用的热膨胀系数测量方法，可以通过石英热膨胀仪进行测量，其结构如图 3-6 所示。由于石英玻璃是一种热稳定性良好的材料，其线膨胀系数并不会随温度的改变而发生剧烈变化。当温度升高时，石英玻璃管和其中待测的试样，以及石英玻璃棒都会发生膨胀。但是待测试样的膨胀要大于石英玻璃管上同样长度的膨胀，因而与试样接触的石英棒将会发生位移，通过与石英棒连接的千分表可以将这个位移读取出来。需要指出的是这个数值并不是试样的膨胀而是试样的膨胀与石英玻璃管和石英棒的热膨胀之差值。

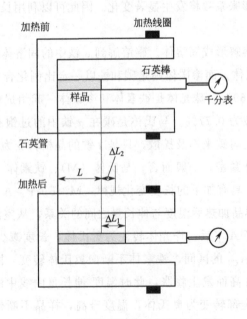

图 3-6　石英热膨胀仪内部结构示意图

根据石英玻璃的热膨胀系数以及加热前后的温度差，可以进一步计算出试样的热膨胀系数，如假定千分表读数为 ΔL：

$$\Delta L = \Delta L_1 - \Delta L_2 \tag{3-10}$$

由此可以计算出样品的伸长：

$$\Delta L_1 = \Delta L + \Delta L_2 \tag{3-11}$$

因此，根据式(3-8) 可以计算样品的热膨胀系数：

$$\alpha = \frac{\Delta L + \Delta L_2}{L \Delta t} = \left(\frac{\Delta L}{L \Delta t}\right) + \left(\frac{\Delta L_2}{L \Delta t}\right) = \alpha_{石英} + \left(\frac{\Delta L}{L(T_2 - T_1)}\right) \tag{3-12}$$

式中，T_1 为开始测定时的温度；T_2 一般定为300℃，当然也可以根据试样选择适合的温度；ΔL 为试样的伸长量，即温度 T_1 与 T_2 时千分表读数之差，mm；L 为试样原始长度，mm；$\alpha_{石英}$ 为石英玻璃的平均线膨胀系数。

三、实验仪器和材料

1. 实验仪器

热膨胀仪。

2. 实验材料

试样 45 钢一个。

四、实验步骤

① 准备试样。根据仪器要求，准备直径为 5～6mm，长度为 25～60mm 的待测样品。将试样两端抛光，并在常温下用千分卡尺精确测量长度。

② 装样。将加工好的试样置于石英托管内，然后装入石英玻璃棒，并使其与试样紧密连接，安装千分表并调零。

③ 开启电源，预热后，以约 $3℃ \cdot min^{-1}$ 的速度开始升温，每隔2min记录一次。

④ 数据分析。通过记录某温度下的位移量，根据式(3-12) 计算出该温度下的热膨胀系数，并求临界点。

⑤ 关闭电源，通过冷却水对电炉降温，当温度降低到150℃以下时，关闭冷却水。

五、思考题

1. 物体受热膨胀的本质是什么？
2. 为什么通过测量热膨胀系数可以得出材料的相变温度？

第四章
材料的电学性能

实验十七

电导法测定表面活性剂临界胶束浓度

一、实验目的

1. 掌握使用电导法测定十二烷基硫酸钠的临界胶束浓度的原理与方法。
2. 掌握电导率测量仪的使用方法。

二、实验原理

表面活性剂的临界胶束浓度（critical micelle concentration，CMC）作为表面活性剂的表面活性的一种量度，是其溶液性质发生显著变化的一个"分水岭"。由于表面活性剂的一些理化性质在胶束形成前后会发生突变，因而，可借助此类变化来表征表面活性剂的 CMC，常用的 CMC 测定方法有表面张力法、光散射法、染料增溶性、电导法等。本实验采用电导法测定离子型表面活性剂的 CMC，方法简便，结果可靠。

表面活性剂分子是由具有亲水性的极性基团和具有憎水性的非极性基团所组成的有机化合物，当它们以低浓度存在于某一体系中时，可被吸附在该体系的表面上，采取极性基团向着水、非极性基团脱离水的表面定向，从而使表面自由能明显降低。在表面活性剂溶液中，当溶液浓度增大到一定值时，表面活性剂离子或分子不但在表面聚集形成单分子层，而且溶液本体内部也会以憎水基团相互靠拢，聚在一起形成胶束。形成胶束的最低浓度称为临界胶束浓度。表面活性剂溶液的许多物理化学性质随着胶团的出现而发生突变，而只有溶液浓度稍高于 CMC 时，才能充分发挥表面活性剂的作用，所以 CMC 是表面活性剂的一种重要量度。表面活性剂为了使自己成为溶液中的稳定分子，有可能采取的两种途径如下：一是把亲水基团留在水中，亲油基团伸向油相或空气；二是让表面活性剂吸附在界面上，其结果是降低界面张力，形成定向排列的单分子膜，后者就形成了胶束。由于胶束的亲水基团方向朝外，与水分子相互吸引，使表面活性剂能稳定地溶于水中。随着表面活性剂在溶液中浓度的增加，球形胶束还可能转变成棒形胶束，甚至层状胶束，后者可用来制作液晶，它具有各向异性。原则上，表面活性剂随浓度变化的物理化学性质都可以用于测定 CMC。本实验采用电导法测定表面活性剂的电导率来确定 CMC 值。

电导法是利用离子型表面活性剂水溶液的电导率随浓度的变化关系，作 $\kappa\text{-}c$ 曲线或 $\Lambda_m\text{-}c^{1/2}$ 曲线，由曲线的转折点求出 CMC 值。在恒温下，稀的强电解质溶液的电导率 κ 与其摩尔电导率 Λ_m 的关系为：$\Lambda_m = \kappa/c$，其中 Λ_m 的单位为 $S \cdot m^2 \cdot mol^{-1}$，$c$ 的单位为 $mol \cdot m^{-3}$。若温度恒定，在极稀的浓度范围内，强电解质溶液的摩尔电导率 Λ_m 与其溶液浓度的 $c^{1/2}$ 呈线性关系：$\Lambda_m = \Lambda_m^{\infty}(1 - \beta\sqrt{c})$。对于胶体电解质，在稀溶液时的电导率、摩尔电导率的变化规律与强电解质一样，但是随着溶液中胶团的生成，电导率和摩尔电导率发生明显变化，这就是确定 CMC 的依据。

三、实验仪器和材料

1. 实验仪器

数字式超级恒温槽、电导率测量仪（图 4-1）、移液管、电导电极。

图 4-1　电导率测量仪装置图

2. 实验材料

$0.020 mol \cdot L^{-1}$ 十二烷基硫酸钠溶液。

四、实验步骤

1. 打开超级恒温槽电源，将温度调到 30℃。

2. 打开电导率测量仪，预热。

3. 将电导电极用蒸馏水洗净，并擦干备用。

4. 用移液管将 10mL 去离子水移入电导池，恒温 5min，依次将 1mL、1mL、1mL、1mL、1mL、1mL、1mL、1mL、1mL、1mL、2mL、3mL、5mL 浓度为 0.020mol·L^{-1} 十二烷基硫酸钠溶液移入电导池，分别在溶液混合均匀并恒温后测量电导率，记录数据。

5. 实验完毕，清洗电导池及电极，整理仪器、台面。

6. 实验数据记录与处理

将实验数据记录在表 4-1 中。

表 4-1　实验数据记录表

室温：____　大气压____　恒温槽温度____　电极常数____

序号	$c/(\mathrm{mol \cdot m^{-3}})$	$\kappa/(\mathrm{S \cdot m^{-1}})$	$\Lambda_m/(\mathrm{S \cdot m^2 \cdot mol^{-1}})$
1			
2			
3			
4			
5			
6			
7			
8			
9			
10			
11			
12			
13			

根据所测得的实验数据，作 $\kappa\text{-}c$ 曲线或 $\Lambda_m\text{-}c^{1/2}$ 曲线，由曲线的转折点求出 CMC 值。

五、思考题

1. 清洗电导电极时，为什么两个铂片不能有机械摩擦？

2. 电极在使用过程中如果电极片没有完全浸入所测的溶液中，对结果会有什么影响？

实验十八

线性极化法测定金属的腐蚀速度

一、实验目的

1. 了解线性极化法测量金属腐蚀速度的基本原理。
2. 掌握 PS-1 型恒电位仪的使用方法。
3. 学会使用 Stern 公式计算金属腐蚀速度。

二、实验原理

线性极化法（linear polarization method）也称极化电阻法，是基于金属腐蚀过程的电化学本质而建立起来的一种快速测定腐蚀速度的电化学方法。线性极化技术的基本原理如金属腐蚀动力学基本方程式所示：

$$i_{c\text{外}} = i_{\text{corr}} \left[\exp\left(\frac{2.3\eta_c}{b_c}\right) - \exp\left(\frac{-2.3\eta_c}{b_A}\right) \right] \tag{4-1}$$

通过微分和适当的数学处理可导出：

$$i_{c\text{外}} = i_{\text{corr}} \left(\frac{2.3\eta_c}{b_c} + \frac{2.3\eta_c}{b_A}\right) = 2.3 \times i_{\text{corr}} \left(\frac{1}{b_c} + \frac{1}{b_A}\right)\eta_c \tag{4-2}$$

$$i_{\text{corr}} = \frac{b_c b_A}{2.3(b_c + b_A)} \times \frac{i_{c\text{外}}}{\eta_c} \tag{4-3}$$

可见 $i_{c\text{外}}$ 与 η_c 成正比，即在 $\eta < 10$ mV 内极化曲线为直线。直线的斜率称为极化电阻 R_p，即

$$R_p = \left(\frac{\mathrm{d}\eta_c}{\mathrm{d}i_{c\text{外}}}\right)_{\eta \to 0} \tag{4-4}$$

可得

$$i_{\text{corr}} = \frac{1}{R_p} \times \frac{b_A b_c}{2.3(b_A + b_c)} \tag{4-5}$$

式中，R_p 是极化电阻，$\Omega \cdot cm^2$；i_{corr} 是金属自腐蚀电流，$A \cdot cm^{-2}$；b_A、b_c 分别是阳极和阴极塔菲尔常数。令

$$B = \frac{b_A b_c}{2.3(b_A + b_c)} \tag{4-6}$$

则有

$$R_p = \frac{B}{i_{corr}} \tag{4-7}$$

$$i_{corr} = \frac{B}{R_p} \tag{4-8}$$

此公式即为活化极化控制下的腐蚀体系极化电阻与腐蚀电流之间存在的线性极化关系的基本公式（Stern 公式）。很显然极化电阻 R_p 与腐蚀电流 i_{corr} 成反比。当实验测得 R_p 和 b_A、b_c 后就可以求得腐蚀电流 i_{corr}。对于大多数体系可以认为腐蚀过程中 b_A 和 b_c 是常数。确定 b_A 和 b_c 的方法有以下几种：

① 极化曲线法：在极化曲线的塔菲尔直线段求直线斜率，进而确定 b_A 和 b_c。

② 根据电极过程动力学基本原理，由 $b_A = \frac{2.3RT}{(1-a)n_aF}$ 和 $b_c = \frac{2.3RT}{an_cF}$ 求 b_A 和 b_c，此方法的关键是要正确选择传递系数 a 值（a 为 $0\sim1$ 之间的数值），这要求对体系的电化学特征有清楚的了解，例如，析氢反应，在 20℃各种金属上反应，$a \approx 0.5$，所以 b_c 值都在 $0.1\sim0.12V$ 之间。

③ 查表或估计 b_A 和 b_c。对于活化极化控制的体系，b 值范围很宽，一般在 $0.03\sim0.18V$ 之间，大多数体系落在 $0.06\sim0.12V$ 之间，如果不要求精确测定体系的腐蚀速度，只是进行大量筛选材料和缓蚀剂以及现场监控时，求其相对腐蚀速度，此方法可用。对于一些常见的腐蚀体系，已有许多文献资料介绍了 b 值，也可以查表得到，关键是要注意使用相同的腐蚀体系、相同的实验条件和相同的测量方法的数据，才能尽量减小误差。

在腐蚀过程中，腐蚀电流密度（i_{corr}）表示在金属样品上，单位时间单位面积内通过的电量。通过法拉第定律进行换算，得到金属腐蚀速度：

$$V = \frac{i_{corr}A}{F \ n} = \frac{i_{corr}}{F}N = 3.73 \times 10^{-4} i_{corr}N \tag{4-9}$$

式中，A 是金属的原子质量；n 是金属离子的价数；F 是法拉第常数，96500C 或 26.8A·h。若 i_{corr} 的单位为 $\mu A \cdot cm^{-2}$，金属密度 ρ 的单位为 $g \cdot cm^{-3}$，则腐蚀速度为：

$$V = 3.73 \times 10^{-4} i_{corr}N \quad [g/(m^2 \cdot h)] \tag{4-10}$$

以腐蚀深度表示的腐蚀速度与腐蚀电流密度的关系为：

$$V_深 = 3.27 \times 10^{-3} i_{corr}N/\rho \quad (mm/a) \tag{4-11}$$

三、实验仪器及材料

1. 实验仪器

PS-1 型恒电位仪。

2. 实验材料

黄铜、20 钢、不锈钢试样各 1 个，3.5%NaCl 溶液。

四、实验步骤

1. 试样准备：本实验采用黄铜、20 钢、不锈钢试样，其电极为三电极系统。

2. 试样处理：实验前应将试样的工作面积用 360 号砂纸打磨至光亮，除油（丙酮擦洗），清洗（蒸馏水），用电吹风吹干，留出工作面积 1 cm²，其余封蜡（透明胶带纸封或 AB 胶封）。

3. 接上三电极体系，并用 PS-1 型恒电位仪分别测出黄铜、20 钢、不锈钢在 3.5% NaCl 溶液中的极化曲线，求出腐蚀电流并计算腐蚀速度。最后计算出金属的腐蚀速度。

4. 实验完毕，清理实验室。

5. 实验数据记录与处理

实验数据记录于表 4-2 中。

表 4-2　实验数据记录表

项目	黄铜	20 钢	不锈钢
极化电阻值 R_p			
腐蚀电流 i_{corr}			
腐蚀速度 V			

算出各自的腐蚀速度。并分析讨论在应用线性极化技术测定金属腐蚀速度时，影响测量准确性的因素。

五、思考题

1. 在应用线性极化技术测量金属腐蚀速度时，影响测量准确性的因素有哪些？

2. 分析线性极化法测定金属腐蚀速度的绝对误差与相对误差。

实验十九

四探针法测定材料电阻率和电阻温度系数

一、实验目的

1. 掌握四探针测试仪的使用方法。

2. 学习用四探针法测量半导体材料的电阻率和扩散薄层的电阻率。

二、实验原理

在半导体器件的研制和生产过程中常常要对半导体单晶材料的原始电阻率和经过扩

散、外延等工艺处理后的薄层电阻率进行测量。随着新材料的研制、开发，对材料电阻率的测量日益重要。测量电阻率的方法很多，有两探针法、四探针法、单探针扩展电阻法、范德堡法等。四探针法测量电阻率具有方法简便可行、适于批量生产等优点，所以目前得到了广泛应用。

四探针法是用针间距约 1mm 的四根金属探针同时压在被测样品的平整表面上，如图 4-2 所示。利用恒流电源给 1 和 4 两个探针通以小电流，然后在 2 和 3 两个探针上用高输入阻抗的静电计、电位差计、电子毫伏计或数字电压表测量电压，最后根据理论公式计算出样品的电阻率 ρ。

$$\rho = C \frac{V_{23}}{I} \tag{4-12}$$

式中，C 为四探针的修正系数，cm，C 的大小取决于四探针的排列方法和针距，探针的位置和间距确定以后，探针系数 C 就是一个常数；V_{23} 为 2、3 两探针之间的电压，V；I 为通过样品的电流，A。

1. 半无限大样品情形

图 4-2 给出了四探针法测半无限大样品电阻率的原理图。其中，图 4-2（a）为四探针测量电阻率的装置；图 4-2（b）为半无限大样品上探针电流的分布及半球等势面；图 4-2（c）和图 4-2（d）分别为正方形排列及直线排列的四探针图形。因为四探针对半导体表面的接触均为点接触，所以，对图 4-2（b）所示的半无限大样品，电流 I 是以探针尖为圆心呈径向放射状流入样品内的。因而电流在样品内所形成的等位面为图中虚线所示的半球面。于是，样品电阻率为 ρ，半径为 r，间距为 dr 的两个半球等势面间的电阻为：

$$dR = \frac{\rho}{2\pi r^2} dr \tag{4-13}$$

它们之间的电位差是：
$$dV = I \, dR = \frac{I\rho}{2\pi r^2} dr \tag{4-14}$$

考虑到样品为半无限大，在 $r \to \infty$ 的电位为 0，所以图 4-2（a）中流经探针 1 的电流 I 在 r 点形成的电位为：

$$(V_r)_1 = \int_r^\infty \frac{I\rho}{2\pi r^2} dr = \frac{I\rho}{2\pi r} \tag{4-15}$$

流经探针 1 的电流在 2、3 两探针间形成的电位差为：

$$(V_{23})_1 = \frac{I\rho}{2\pi}\left(\frac{1}{r_{12}} - \frac{1}{r_{13}}\right) \tag{4-16}$$

流经探针 4 的电流与流经探针 1 的电流方向相反，所以流经探针 4 的电流 I 在探针 2、3 之间引起的电位差为：

$$(V_{23})_4 = -\frac{I\rho}{2\pi}\left(\frac{1}{r_{42}} - \frac{1}{r_{43}}\right) \tag{4-17}$$

于是流经探针 1、4 之间的电流在探针 2、3 之间形成的电位差为：

$$V_{23} = \frac{I\rho}{2\pi}\left(\frac{1}{r_{12}} - \frac{1}{r_{13}} - \frac{1}{r_{42}} + \frac{1}{r_{43}}\right) \tag{4-18}$$

由此可得样品的电阻率：

$$\rho = \frac{2\pi V_{23}}{I}\left(\frac{1}{r_{12}} - \frac{1}{r_{13}} - \frac{1}{r_{42}} + \frac{1}{r_{43}}\right) \tag{4-19}$$

上式就是四探针法测半无限大样品电阻率的普遍公式。

在采用四探针测量电阻率时，通常使用图 4-2(c) 的正方形结构（简称方形结构）和图 4-2(d) 的等间距直线形结构，假设方形四探针和直线四探针的探针间距均为 S，则对于直线四探针有 $r_{12} = r_{43} = S$，$r_{13} = r_{42} = 2S$，故

$$\rho = 2\pi S \cdot \frac{V_{23}}{I} \tag{4-20}$$

对于方形四探针有 $r_{12} = r_{43} = S$，$r_{13} = r_{42} = \sqrt{2}S$，故

$$\rho = \frac{2\pi S}{2-\sqrt{2}} \cdot \frac{V_{23}}{I} \tag{4-21}$$

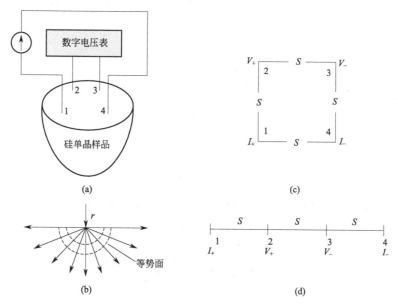

图 4-2 四探针法测电阻率原理图

(a) 四探针测电阻率装置；(b) 半无限大样品上探针电流的分布及半球等势面；

(c) 正方形排列的四探针图形；(d) 直线排列的四探针图形

2. 无限薄层样品情形

当样品的横向尺寸无限大，而其厚度 t 又比探针间距 S 小得多时，称这种样品为无限

薄层样品。图 4-3 给出了用四探针测量无限薄层样品电阻率的示意图。图中被测样品为在 p 型半导体衬底上扩散有 n 型薄层的无限大硅单晶薄片，1、2、3、4 为四个探针在硅片表面的接触点，探针间距为 S，n 型扩散薄层的厚度为 t，并且 $t \ll S$，I_+ 表示电流从探针 1 流入硅片，I_- 表示电流从探针 4 流出硅片。与半无限大样品不同的是，这里探针电流在 n 型薄层内近似为平面放射状，其等位面可近似为圆柱面。类似前面的分析，对于任意排列的四探针，探针 1 的电流 I 在样品中 r 处形成的电位为：

$$(V_r)_1 = \int_r^\infty \frac{I\rho}{2\pi r t} dr = -\frac{I\rho}{2\pi t}\ln r \tag{4-22}$$

式中，ρ 为 n 型薄层的平均电阻率。探针 1 的电流 I 在 2、3 探针间引起的电位差为：

$$(V_{23})_1 = -\frac{I\rho}{2\pi t}\ln\frac{r_{12}}{r_{13}} = \frac{I\rho}{2\pi t}\ln\frac{r_{13}}{r_{12}} \tag{4-23}$$

同理，探针 4 的电流 I 在 2、3 探针间所引起的电位差为：

$$(V_{23})_4 = \frac{I\rho}{2\pi t}\ln\frac{r_{42}}{r_{43}} \tag{4-24}$$

所以探针 1 和探针 4 的电流 I 在 2、3 探针之间所引起的电位差是：

$$V_{23} = \frac{I\rho}{2\pi t}\ln\frac{r_{42}r_{13}}{r_{43}r_{12}} \tag{4-25}$$

于是得到四探针法测无限薄层样品电阻率的普遍公式为：

$$\rho = \frac{\dfrac{2\pi t V_{23}}{I}}{\ln\dfrac{r_{42}r_{13}}{r_{43}r_{12}}} \tag{4-26}$$

对于直线四探针，利用 $r_{12} = r_{43} = S$，$r_{13} = r_{42} = 2S$ 可得：

$$\rho = \frac{\dfrac{2\pi t V_{23}}{I}}{2\ln 2} = \frac{\pi t}{\ln 2}\times\frac{V_{23}}{I} \tag{4-27}$$

对于方形四探针，利用 $r_{12} = r_{43} = S$，$r_{13} = r_{42} = 2S$ 可得：

$$\rho = \frac{2\pi t}{\ln 2}\cdot\frac{V_{23}}{I} \tag{4-28}$$

在对半导体扩散薄层的实际测量中常常采用与扩散层杂质总量有关的方块电阻 R_s，它与扩散薄层电阻率有如下关系：

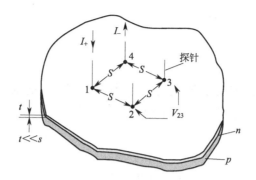

图 4-3　无限薄层样品电阻率的测量

$$R_s = \frac{\rho}{X_j} = \frac{1}{q\mu \int_0^{X_j} N \,\mathrm{d}X} = \frac{1}{q\mu N X_j} \tag{4-29}$$

这里 X_j 为扩散所形成的 pn 结的结深。这样对于无限薄层样品，方块电阻可以表示如下：

直线四探针：

$$R_s = \frac{\rho}{X_j} = \frac{\pi}{\ln 2}\frac{V_{23}}{I} \tag{4-30}$$

方形四探针：

$$R_s = \frac{\rho}{X_j} = \frac{2\pi}{\ln 2}\frac{V_{23}}{I} \tag{4-31}$$

在实际测量中，被测试的样品往往不满足上述的无限大条件，样品的形状也不一定相同，因此常常要引入不同的修正系数。

三、实验仪器与材料

1. 实验仪器

四探针测试仪。

2. 实验材料

硅单晶片。

四、实验步骤

1. 硅单晶片电阻率的测量

选不同电阻率及不同厚度的大单晶圆片，改变条件（光照与否），对测量结果进行比较。

2. 薄层电阻率的测量

对不同尺寸的单面扩散片和双面扩散片的薄层电阻率进行测量。改变条件（光照与否）进行测量，对结果进行比较。

五、思考题

1. 为什么要求样品厚度及任意一根探针距样品最近边界的距离要远大于探针间距？
2. 为什么测量时，电场强度 E 要小于 $1V \cdot cm^{-1}$？

实验二十

循环伏安法测定氧化还原曲线

一、实验目的

1. 了解循环伏安法测定氧化还原曲线的基本原理。
2. 掌握电化学工作站的使用方法。
3. 学会处理和分析循环伏安曲线。

二、实验原理

循环伏安法（cyclic voltammetry，CV）是一种常用的电化学研究方法，可用于电极反应的性质、机理和电极过程动力学参数的研究。也可用于定量确定反应物浓度、电极表面吸附物的覆盖度、电极活性面积、电极反应速率常数、交换电流密度、反应的传递系数等动力学参数。本实验采用循环伏安法测定铁氰化钾溶液的氧化还原曲线。

以等腰三角形的脉冲电压加在工作电极上，得到的电流电压曲线包括两个分支，如果前半部分电位向阴极方向扫描，电活性物质在电极上还原，产生还原波，那么后半部分电位向阳极方向扫描时，还原产物又会重新在电极上氧化，产生氧化波。因此一次三角波扫描，完成一个还原过程和氧化过程的循环，故该法称为循环伏安法。

铁氰化钾体系 $[Fe(CN)_6]^{3-/4-}$ 在中性水溶液中的电化学行为是一个可逆过程，其氧化峰和还原峰对称，两峰的电流值相等，峰电位差理论值为 $59mV$。体系本身很稳定，通常用于检测电极体系和仪器系统。

三、实验仪器和材料

1. 实验仪器

RST 系列电化学工作站。

实验电极：

工作电极：铂圆盘电极、金圆盘电极或玻碳圆盘电极，任选一种。

参比电极：饱和甘汞电极。

辅助电极（对电极）：可选用铂片电极或铂丝电极，电极面积应大于工作电极的 5 倍。

2. 实验材料

试剂 A：电活性物质，$0.01 mol \cdot L^{-1}$ $K_3Fe(CN)_6$ 水溶液，用于配制各种浓度的实验溶液。

试剂 B：支持电解质，$2.0 mol \cdot L^{-1}$ KNO_3 水溶液，用于提升溶液的电导率。

四、实验步骤

1. 溶液的配制

在 5 个 50mL 容量瓶中，依次加入 KNO_3 溶液和 $K_3Fe(CN)_6$ 溶液，使稀释至刻度后 KNO_3 浓度均为 $0.2 mol \cdot L^{-1}$，而 $K_3Fe(CN)_6$ 浓度依次为 $1.00 \times 10^{-4} mol \cdot L^{-1}$、$2.00 \times 10^{-4} mol \cdot L^{-1}$、$5.00 \times 10^{-4} mol \cdot L^{-1}$、$8.0 \times 10^{-4} mol \cdot L^{-1}$、$1.00 \times 10^{-3} mol \cdot L^{-1}$，用蒸馏水定容。

2. 工作电极的预处理

用抛光粉（Al_2O_3，200～300 目）将电极表面磨光，然后在抛光机上抛成镜面。最后分别在 1∶1 乙醇、1∶1HNO$_3$ 和蒸馏水中超声波清洗。

3. 测量系统搭建

在电解池中放入电活性物质 $5.00 \times 10^{-4} mol \cdot L^{-1}$ 铁氰化钾及支持电解质 $0.20 mol \cdot L^{-1}$ 硝酸钾溶液。插入工作电极、参比电极、辅助电极。将仪器的电极电缆连接到三支电极上，电缆标识如下：

辅助电极——红色；

参比电极——黄色；

工作电极——红色。

为防止溶液中的氧气干扰，可通 N_2 除 O_2。

4. 运行线性扫描循环伏安法

所用溶液：$5.00 \times 10^{-4} mol \cdot L^{-1}$ 铁氰化钾、$0.20 mol \cdot L^{-1}$ 硝酸钾。

运行 RST 电化学工作站软件，选择"线性扫描循环伏安法"。参数设定如下：

静置时间（s）：10

起始电位（V）：—0.2

终止电位（V）：0.6

扫描速率（V·s^{-1}）：0.05

采样间隔（V）：0.001

启动运行，记录循环伏安曲线，观察峰电位和峰电流，判断电极活性。量程依电极面积及扫描速率不同而异。以扫描曲线不溢出、能占到坐标系 Y 方向的 1/3 以上为宜选择合适的量程，有助于减小量化噪声，提高信噪比。

5. 不同扫描速率的实验

溶液：$5.00×10^{-4}$mol·L^{-1}铁氰化钾、0.20mol·L^{-1}硝酸钾。

参数设定如下：

静置时间（s）：10

起始电位（V）：—0.2

终止电位（V）：0.6

采样间隔（V）：0.001

分别设定下列扫描速率进行实验：

扫描速率（V·s^{-1}）：0.05

扫描速率（V·s^{-1}）：0.1

扫描速率（V·s^{-1}）：0.2

扫描速率（V·s^{-1}）：0.3

扫描速率（V·s^{-1}）：0.5

实验运行：分别将以上 5 次实验得到的曲线以不同的文件名存入磁盘。利用曲线叠加功能，可将以上 5 条曲线叠加在同一个坐标系画面中。

6. 不同铁氰化钾浓度的实验

参数设定如下：

静置时间（s）：10

起始电位（V）：—0.2

终止电位（V）：0.6

扫描速率（V·s^{-1}）：0.05

采样间隔（V）：0.001

在电解池中分别放入下列浓度的铁氰化钾溶液进行实验：

$1.00×10^{-4}$mol·L^{-1}

$2.00 \times 10^{-4} mol \cdot L^{-1}$

$5.00 \times 10^{-4} mol \cdot L^{-1}$

$8.00 \times 10^{-4} mol \cdot L^{-1}$

$1.00 \times 10^{-3} mol \cdot L^{-1}$

其中支持电解质均为 $0.20 mol \cdot L^{-1}$ 硝酸钾。

实验运行：分别进行 5 次实验，得到 5 条循环伏安曲线，并分别存盘。

数据测量：点击菜单＜图形测量＞ → ＜测量图形数据＞或工具钮，选择半峰法，可测出曲线的峰电流、峰电位，并可随文件一起保存。

图形叠加：用图形叠加功能可将多条曲线放在同一画面中进行比较观察。

数值分析：用软件自带的定量分析功能——标准曲线法，可找出峰电流和浓度的线性方程和相关系数。具体操作见软件菜单功能。

7. 对已测得数据进行分析

① 对 $Fe(CN)_6^{3-}$（内含 $0.20 mol \cdot L^{-1}$ KNO_3）溶液的循环伏安曲线进行数据处理，选取曲线第三段和第四段曲线，即第二个循环圈，根据循环伏安曲线特点，用半峰法进行峰测量，测量结果如图 4-4 所示。

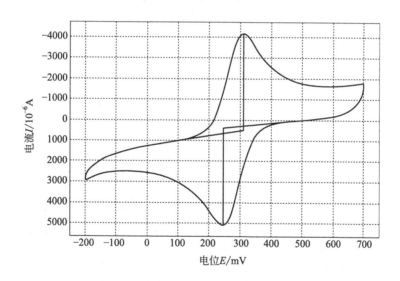

图 4-4　单线扫描循环伏安曲线示例

由测量结果可知：

氧化峰电位 $E_{p2} = 176 mV$，峰电流 $I_{p2} = 2.83 \times 10^{-5} A$；

还原峰电位 $E_{p1} = 240 mV$，峰电流 $I_{p1} = 2.86 \times 10^{-5} A$。

氧化峰与还原峰之间的电位差为 $64 mV$，峰电流的比值 $I_{p1}/I_{p2} \approx 1$。由此可知，铁氰化钾体系 $[Fe(CN)_6^{3-/4-}]$ 在中性水溶液中的电化学反应是一个可逆过

程。由于该体系稳定，电化学工作者常用此体系作为电极探针，用于鉴别电极的
优劣。

② 将不同扫描速率（$0.05V \cdot s^{-1}$、$0.1V \cdot s^{-1}$、$0.2V \cdot s^{-1}$、$0.3V \cdot s^{-1}$、$0.5V \cdot s^{-1}$）的循环伏安曲线进行叠加，如图4-5所示。由图4-5可知，随着扫描速率的增加，峰电流也增加。分别测量它们的峰数据可以得到峰电流与扫描速率的关系。

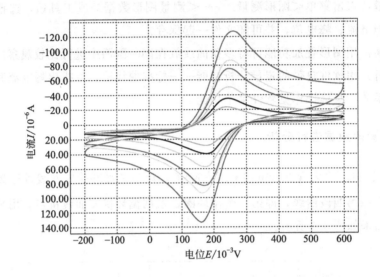

图 4-5　不同扫描速率下循环伏安曲线叠加示例

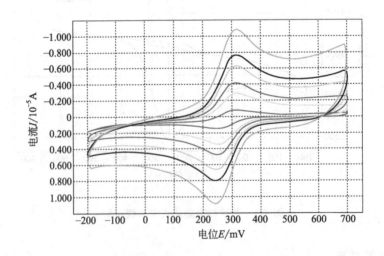

图 4-6　$0.5mmol \cdot L^{-1}$ 铁氰化钾（内含 $0.2mol \cdot L^{-1}$ 硝酸钾）的循环伏安曲线

③ 将不同浓度的铁氰化钾溶液的循环伏安曲线同样进行叠加，可以发现，峰电流随着浓度的增加而增加。分别测量它们的峰数据并进行数据处理，由线性方程及相关系数可知，在实验的浓度范围内，峰电流与铁氰化钾溶液浓度呈线性关系。因此，可以依此进行

定量分析（图4-6）。

五、思考题

1. 试通过循环伏安曲线分析材料的氧化能力或还原能力。
2. 工作电极为什么要做预处理？

第五章
材料的光学性能

实验二十一

固体试样的红外吸收光谱测试

一、实验目的

1. 掌握红外光谱仪的固体样品制备方法和测试技术，学会利用红外光谱图来鉴别官能团和分析未知化合物的主要结构。

2. 了解傅立叶变换红外光谱仪的基本构造和工作原理。

二、实验原理

红外光谱是鉴别物质和分析物质化学结构的有效手段，已被广泛应用于物质的定性鉴别、物相分析和定量测定，并用于研究分子间和分子内部的相互作用。红外光是频率介于微波与可见光之间的电磁波，波长在 $0.75 \sim 1000~\mu m$ 之间。通常将红外光谱分为三个区域：近红外区（$0.75 \sim 2.5~\mu m$）、中红外区（$2.5 \sim 25~\mu m$）和远红外区（$25 \sim 1000~\mu m$）。由于绝大多数有机物和无机物的基频吸收带都出现在中红外区，最适于通过红外光谱进行定性和定量分析。因此它是应用极为广泛的光谱区。中红外光谱仪也是最为成熟和简单的，通常所说的红外光谱即指中红外光谱。

将一束波长连续变化的红外射线照射到样品上时，当样品分子中某个基团的振动或转动频率和红外光的频率一样时，分子吸收红外辐射后引起偶极矩的净变化，发生振动和转动能级从基态到激发态的跃迁，相对应的这些区域的透射光强减弱。分子振动、转动能级不仅取决于分子的组成，也与其化学键、官能团的性质以及空间分布等结构密切相关，包括诱导效应、共轭效应、空间效应、氢键作用等。红外吸收光谱产生的两个必要条件：①分子的振动频率和红外光的频率相当；②分子的振动必须伴随有瞬时偶极矩的变化。

红外吸收光谱的横坐标是波数（σ，$4000 \sim 400 \mathrm{cm}^{-1}$），用来表示吸收峰的位置；纵坐标（$T\%$）是透过率，用来表示吸收强度。不同分子的化学键和官能团都有自己特定的振动频率、物理状态和化学环境，它决定了红外吸收峰的位置、数目、强度和形状，据此可以对分子进行官能团定性和结构分析，以及定量分析和纯度鉴定。各种基团在红外谱图的特定区域会出现对应的吸收带，其位置大致固定。常见化学基团在 $4000\sim600cm^{-1}$ 范围内（中红外）有特征基团频率，大致可分为四个区域：①$4000\sim2500cm^{-1}$ 为 X—H 的伸缩振动区（O—H、N—H、C—H 和 S—H 等）；②$2500\sim2000cm^{-1}$ 为三键和累积双键的伸缩振动区（C≡C、C≡N、C=C=C 和 N=C=S 等）；③$2000\sim1550cm^{-1}$ 为双键的伸缩振动区（主要是 C=C 和 C=O 等）；④$1550\sim600cm^{-1}$ 主要是上述化学键的弯曲振动，以及 C—C、C—O 和 C—N 单键的伸缩振动。上述区域中，红外光谱可分为基频区（$4000\sim1300cm^{-1}$）和指纹区（$1800\sim600cm^{-1}$）。具体的常见官能团红外特征峰的数据可参阅仪器分析教材。

傅立叶变换红外光谱仪主要由光源（硅碳棒、高压汞灯）、迈克尔逊干涉仪、样品室、检测器、计算机和记录仪组成。迈克尔逊干涉仪为核心部分，它将光源发出的红外光分成两束光后，再以不同的光程差重新组合发生干涉现象。将含有样品信息的红外干涉图数据输送给计算机进行傅立叶变换后，最终得到样品的透过率-波数红外光谱图。傅立叶变换红外光谱仪具有扫描速率快、灵敏度高、重现性好的优点，可以对样品进行定性和定量分析，在电子、化工、医学等领域均有着广泛的应用。傅立叶变换红外光谱仪工作原理示意图见图 5-1。

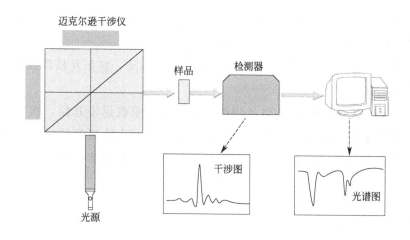

图 5-1　傅立叶变换红外光谱仪工作原理示意图

红外光谱的适用范围相当广泛，不受样品状态的限制，可以分析固体、液体或气体样品，也可以检测无机、有机和高分子化合物，同时可对单一组分和多组分进行定量分析。测试时应排除样品中游离水的红外干扰，并避免其对吸收池盐窗的侵蚀。同时应选择适当的样品浓度和测试厚度，确保光谱中大多数吸收峰的透过率位于 $15\%\sim80\%$ 的范围内。固体样品的制备较简便，制样方法有压片法、糊剂法（样品与液体石蜡或全氟代烃混合成糊状）及薄膜法（主要用于聚合物的测定）。本次实验使用的是溴化钾压片法。

三、实验仪器和材料

1. 实验仪器

粉末压片机及配套压片模具，玛瑙研钵，NEX-US 470 型傅立叶红外光谱仪（美国尼高力）。

2. 实验材料

溴化钾，苯乙酸，无水乙醇。

四、实验步骤

① 打开红外光谱仪，仪器稳定 30min，预热达到平衡后，再打开电脑，进入红外工作站，设置测试的相关参数：分辨率为 $4cm^{-1}$，扫描次数 16 次，扫描范围 $4000\sim400cm^{-1}$。

② 制样：用乙醇洗涤压片所用器具，然后在红外灯下烤干。固体苯乙酸和溴化钾经过干燥处理后，首先称取苯乙酸样品 $1\sim2$ mg，再加入 200 目的溴化钾粉末 200 mg，在红外灯照射下用玛瑙研钵研磨均匀，一般研磨到粒度小于 $2\mu m$，然后取适量装入压片模具，在抽真空状态下用油压机以 27 MPa 的压力压制 2 min，然后用镊子小心取下透明试样薄片（厚度约 1mm），装入样品架。

③ 先测空白背景，再将透明试样薄片样品架插入红外光谱仪的样品室中，确保置于光路中，测量样品的红外光谱图，保存数据。

④ 结束实验，关闭工作站和红外光谱仪，整理样品架，将压片模具擦洗干净，置于干燥器中存放。

⑤ 数据处理。解析所得到的红外谱图，先从最强吸收谱带开始，确定样品中可能含有的基团或化学键，排除不可能含有的基团；再进一步验证指纹区的谱带，找出可能含有基团的相关特征峰，确认其归属，最后与苯乙酸的标准谱图进行对比，判别其吻合程度。

五、思考题

1. 红外吸收光谱的产生需要满足什么条件？

2. 固体红外测试时为什么选用溴化钾粉末来混合样品压片？样品和溴化钾为什么要提前干燥？

3. 使用傅立叶变换红外光谱仪测试样品时，为什么要先测空白背景？

紫外-可见光谱测试

一、实验目的

1. 掌握紫外-可见分光光度计的测试技术，学会利用紫外-可见光谱图来分析未知化合物的组成和主要结构。

2. 掌握紫外-可见吸收光谱的定量分析方法。

二、实验原理

紫外-可见光谱是分子吸收紫外-可见光区（10～800nm）的电磁波辐射而产生的吸收光谱，是其分子外层电子能级跃迁，同时伴随着分子的振动能级和转动能级的跃迁的结果。外层价电子跃迁有三种形式：①形成单键的 σ 电子；②形成双键的 π 电子；③未成键的孤对 n 电子。当分子吸收一定的辐射能量时，电子就从基态向激发态（反键轨道）跃迁，主要有四种跃迁，所需能量 ΔE 大小顺序为 $\sigma \rightarrow \sigma^* > n \rightarrow \sigma^* > \pi \rightarrow \pi^* > n \rightarrow \pi^*$，见图 5-2 和表 5-1。这种跃迁同分子内部的结构有着密切关系，而不同的物质分子因其结构的不同而具有不同的量子化能级，即 ΔE 不同，对光的吸收也不同，据此可以定性分析物质的组成和结构。

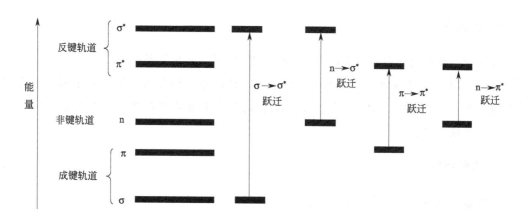

图 5-2 电子能级与电子跃迁示意图

表 5-1　常见紫外-可见光谱带系

吸收带	特征	典型基团
$\sigma \rightarrow \sigma^*$	主要发生在远紫外区（<150 nm）	C—C、C—H（在紫外光区观测不到）
$n \rightarrow \sigma^*$	跃迁一般发生在150～250nm，在紫外区不易观察到	—OH、—NH$_2$、—X—、—S
$\pi \rightarrow \pi^*$	跃迁吸收带，波长较长，孤立跃迁一般发生在200nm左右	芳香环的双键吸收
$n \rightarrow \pi^*$	跃迁一般发生在近紫外区（200～400nm）	C=O、C=S、—N=O、—N=N—、C=N

　　紫外-可见吸收光谱图由横坐标、纵坐标和吸收曲线组成，有多种表示方法。横坐标表示吸收光的波长，单位为 nm；纵坐标表示吸收光的吸收强度，可以用 A（吸光度）、T（透射比，或透光率，或透过率）、ε（摩尔吸光系数）中的任意一个来表示。从吸收光谱中，可以确定最大吸收波长和最小吸收波长。该法分析操作简单，检测速度快，样品用量少，无样品消耗，并可回收，广泛用于有机和无机物质的定性和定量测定。

　　紫外-可见吸收光谱的定量分析依据朗伯-比尔定律，一定温度下，一定波长的单色光通过均匀的、非散射的溶液时，溶液的吸光度与溶液的浓度和液层厚度的乘积成正比。即

$$A = \varepsilon bc$$

　　式中，A 是吸光度（描述溶液对光的吸收程度）；ε 为摩尔吸光系数；b 为样品厚度；c 为浓度。

　　定量分析中最常用的方法是标准曲线法，即配制一系列不同浓度的标准试样溶液，参比为不含试样的空白溶液，然后测定标准溶液的紫外-可见吸收光谱，并绘制吸光度曲线；然后在相同条件下测定未知浓度的试样，可根据上述标准曲线求出未知试样的含量。

三、实验仪器和材料

1. 实验仪器

容量瓶，石英比色皿，日本岛津 UV2550 紫外-可见分光光度计。

紫外-可见分光光度计主要由光源、单色器、样品池、检测器和信号显示系统五大部分组成（图 5-3）。其中，单色器是将光源辐射的复合光分成单色光的光学装置，它是分光光度计的核心部分。

2. 实验材料

亚甲基蓝标准样品，去离子水。

四、实验步骤

　　1. 打开紫外-可见分光光度计，打开电脑，进入紫外 UV probe 工作站，点击"connect"进行连接，等待仪器自检全部通过后，设置测试的相关参数：扫描波长范围300～800nm；扫描速率为高速；采样间隔为 0.2nm。

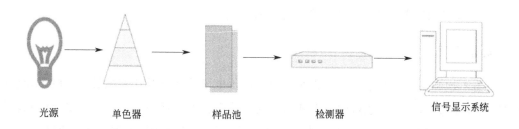

| 光源 | 单色器 | 样品池 | 检测器 | 信号显示系统 |

图 5-3 紫外-可见分光光度计的基本构造示意图

2. 亚甲基蓝标准样品溶液配制：称取 4 mg 亚甲基蓝标准样品溶于少量的去离子水后，移入 200mL 的容量瓶内摇匀定容。分别取 1mL、2mL、3mL、4mL、5mL 上述亚甲基蓝储备溶液（$0.02mg \cdot mL^{-1}$）定容于 50mL 容量瓶中，得到等梯度浓度的溶液备用。

3. 将空白样品（去离子水）放到比色槽中，点击"baseline"键，进行基线校准。注意手执比色皿两侧的毛玻璃面，盛放液体高度为四分之三。

4. 分别将上述配制好的等梯度浓度的亚甲基蓝标准样品溶液移入比色皿中，放到样品池中，点击"start"键，扫描测定其吸光度，保存数据。

5. 任意配制一未知浓度的亚甲基蓝标准样品溶液，重复步骤 4，扫描并保存数据。

6. 数据处理

① 根据数据绘制不同浓度的亚甲基蓝紫外-可见吸收光谱，确认其特征吸收峰的波长并分析其归属。

② 读取每个浓度下最大吸收波长时所对应的吸光度，绘制亚甲基蓝的浓度-吸光度标准曲线图，并依据此曲线解析出未知浓度亚甲基蓝标准样品的含量。

五、思考题

1. 液体试样浓度的大小会对紫外-可见吸收光谱测量造成什么影响？

2. 除利用紫外-可见光谱对物质进行定量分析以外，还有什么其他的方法？

实验二十三

荧光光谱测试

一、实验目的

1. 掌握分子荧光激发光谱和发射光谱的概念和测定方法，学会利用物质的特征荧光光谱来进行定性和定量分析。

2. 了解荧光光谱仪的基本构造和工作原理。

二、实验原理

具有不饱和基团的基态分子经光照辐射后，价电子从基态跃迁到激发态，电子处于激发态时是不稳定状态，可通过辐射跃迁（发光）或无辐射跃迁等方式失去能量返回到较低能级或者基态，其中当电子从第一激发单重态的最低振动能级回到基态时所产生的光辐射，称为荧光，这是一种光致发光的现象。当终止入射光辐射时，发光现象也随之立即消失。相较于脂肪族化合物，芳香族及具有芳香结构的化合物，因存在共轭体系而更容易吸收光能，很多在紫外光激发下就能产生荧光。通常强荧光的有机化合物都具有刚性的平面结构、较大的共轭 π 键和给电子的取代基团。

荧光光谱法是以物质的荧光光谱的形状和荧光峰对应的波长进行定性分析，以荧光分子所发射的荧光强度和浓度之间的线性关系（极稀溶液中）为依据进行定量分析，可应用于生物化学、分子生物学和环境分析等领域。其所需样品量少，测试操作简单，灵敏度高，选择性好，但应用范围不如吸收光谱广泛，因其仅适用于能发出荧光的物质。

荧光分子都具有两个特征光谱：激发光谱和发射光谱。

激发光谱：固定荧光的发射波长（选取最大发射波长 λ_{em}），而不断改变激发波长，并记录相应的荧光强度，所得到的荧光强度对激发波长的谱图称为荧光的激发光谱。它反映了不同激发波长下所引起物质发射某一波长荧光的相对效率。激发光谱曲线的最高处，处于激发态的分子最多，荧光强度最大，称为最大激发波长 λ_{ex}。

发射光谱：固定激发波长在最大激发波长 λ_{ex} 处，然后对发射光谱扫描，测定各种波长下相应的荧光强度，以荧光强度 F 对发射波长作图，得到发射光谱图（即荧光光谱）。它反映了荧光分子所发射的荧光中各种波长组分的相对强度。图 5-4 为典型的水溶性石墨烯量子点的荧光光谱，最大激发波长是 400 nm，发射波长是 497 nm。

荧光强度与荧光分子浓度的关系：当一束强度为 I_0 的紫外-可见光照射一浓度为 c、液层厚度为 d 的含有荧光分子的液槽时，当荧光效率 Ψ_f、入射光强度 I_0 下物质的摩尔吸光系数 ε 和液层厚度 d 均固定不变时，该荧光分子的荧光强度 F 正比于该溶液的浓度，即 $F = Kc$。这一线性关系仅在溶液浓度很低（吸光度低于 0.05）时成立，高浓度下荧光分子的自猝灭、自吸收等因素导致此关系不成立。

荧光分光光度计的工作原理如图 5-5 所示，利用汞灯或氙灯发出的光经过滤光片或者激发单色器分光后，照射到样品池中，激发样品中的荧光分子产生荧光，荧光经过发射单色器后，被光电倍增管所接收并转换成相应的电信号，经过数据处理后最终以图或数字的形式显示和记录下来。日立 F-7000 荧光分光光度计的波长检测范围是 200～750 nm，适用于液体、粉末和薄膜。本次实验测试的是液体样品。

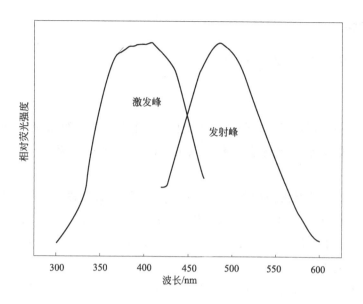

图 5-4 水溶性石墨烯量子点的荧光光谱

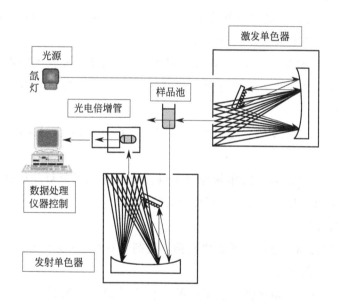

图 5-5 荧光分光光度计的工作原理示意图

三、实验仪器和材料

1. 实验仪器

容量瓶，四面透光的石英比色皿，日本日立 F-7000 荧光分光光度计。

2. 实验材料

罗丹明 B 标准样品，去离子水。

四、实验步骤

1. 先打开电脑，再打开荧光分光光度计左侧的电源开关，约 5s 后主机右上方绿色氙灯指示灯点亮，表示氙灯已经启辉工作。点击"FL solutions"荧光分析快捷框，进入仪器操作界面。

2. 罗丹明 B 标准样品溶液配制：称取 5 mg 罗丹明 B 标准样品后溶于少量的去离子水后，再转移至 500mL 容量瓶内摇匀定容。分别取 0.5mL、1mL、2mL、3mL、4mL、5mL 上述罗丹明 B 储备溶液（$0.01 \text{ mg} \cdot \text{mL}^{-1}$）定容于 100mL 容量瓶中，得到等梯度浓度的溶液，留待备用。

3. 设置狭缝宽度为 5 nm，扫描速率为 240 nm $\cdot$ min^{-1}，电压为 700V。将浓度为 $0.00005 \text{ mg} \cdot \text{mL}^{-1}$ 的罗丹明 B 样品溶液移入比色皿中，再置于样品池。先固定激发波长为 550 nm，在 400～700nm 范围内扫描发射光谱，测定其荧光强度，获得最大发射波长 λ_{em}；再固定发射波长为最大发射波长 λ_{em}，在 300～600nm 波长范围内扫描激发光谱，测定其荧光强度，获得最大激发波长 λ_{ex}。

4. 将激发波长固定在 λ_{ex} 处（554 nm 附近），荧光发射波长固定在 λ_{em}（570nm 附近）处，测定上述配制好的一系列等梯度浓度的罗丹明 B 标准溶液的荧光发射强度，做好记录，保存数据。

5. 任意配制一未知浓度的罗丹明 B 样品溶液，重复步骤 4，扫描其荧光发射强度并保存数据。

6. 实验结束后，使用仪器操作软件退出操作系统并关闭氙灯，保持主机通电 10min 以上，再关闭主机电源开关，确保灯室可以充分散热。

7. 实验数据处理

① 以荧光强度为纵坐标，波长为横坐标，绘制 $0.00005 \text{ mg} \cdot \text{mL}^{-1}$ 的罗丹明 B 样品溶液的激发光谱和发射光谱。

② 根据表 5-2 记录原始数据，以罗丹明 B 标准溶液的荧光强度为纵坐标，标准溶液的浓度为横坐标，制作标准曲线。并根据标准曲线计算未知浓度样品的含量。

表 5-2　实验数据记录表

罗丹明 B 标准溶液	溶液 1	溶液 2	溶液 3	溶液 4	溶液 5	溶液 6	溶液 7（未知浓度）
浓度/(mg $\cdot$ mL^{-1})							
荧光强度							

五、思考题

1. 分子产生荧光需要满足什么条件？

2. 与紫外-可见光吸收光谱法相比，为什么分子荧光光度法的灵敏度通常更高？选择性也更好？

3. 影响荧光定量分析准确性的因素有哪些？在实验中应注意哪些问题？

第六章
材料的磁学性能

实验二十四

材料磁化曲线和磁滞回线的测定

一、实验目的

1. 了解铁磁材料的磁化规律。

2. 掌握示波器法测定磁化曲线和磁滞回线的方法。

3. 掌握饱和磁感应强度 B_s、剩余磁化强度 B_r、饱和磁化强度 H_s，以及矫顽力 H_D 的计算方法。

二、实验原理

磁性材料是一种古老而又充满活力的材料，早在公元前四世纪，人类就已经初步认识到了天然磁石的磁性。在战国时期，我国古人就懂得借助磁石制造"司南"指明方向，作为最为古老的导航设备，其在军事和航海领域起到了不可估量的作用。但是直到 20 世纪 30 年代，人们才对材料磁性形成较为系统的理论认识，同时对材料磁性研究的深入又极大地激发了磁性材料的研究。时至今日，磁性材料的应用范围更是前所未有的广泛，在小到日常电器大到航空航天等诸多领域中，磁性材料都起着不可替代的重要的作用。尤其是在信息技术领域，正是磁记录材料的研究，显著提升了存储密度，才使得信息革命成为可能，从而为今天的信息化生活奠定了基础。

铁磁（亚铁磁）材料与普通材料最大的区别在于它们可以在磁场的作用下被磁化。具体地说，就是在外磁场的作用下，铁磁材料中原子磁矩平行排列，整体上表现出磁性。此外，铁磁材料还具有另一显著特征——磁滞，在磁化场消失后，铁磁性物质仍然能够保留磁化状态。材料内部平行排列的原子磁矩在没有外部磁场作用的条件下，仍能够保留，并不会随磁场的消失而被破坏，如图 6-1 所示。

实际上铁磁材料的磁化是一个复杂的过程，将一个未经磁化的铁磁材料置于磁场中，

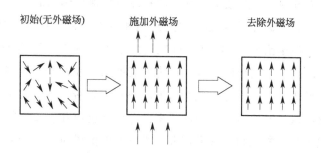

初始(无外磁场)　　施加外磁场　　去除外磁场

图 6-1　铁磁材料磁化示意图

磁感应强度会随着磁场强度的增加而缓慢上升。但其磁感应强度并不能随磁场强度的增加而无限度地上升，当磁场强度到达一个限度后，磁感应强度将不再随磁场强度的增加而改变，这时的磁场强度被称为饱和磁场强度，相应的磁感应强度被称为饱和磁感应强度。为了能够较为直观地研究磁化过程，可以通过绘制磁感应强度 B 与磁场强度 H 之间的关系曲线来对铁磁材料的磁化过程进行研究，这种图形被称作磁化曲线，如图 6-2 所示。

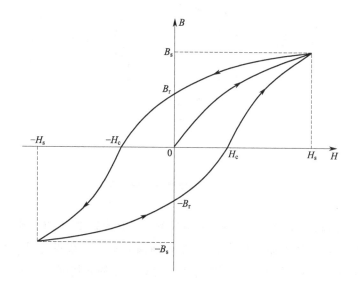

图 6-2　铁磁材料的磁滞回线

图 6-2 中零点表示铁磁材料处于磁中性状态，之后随着磁场 H 的增加，磁感应强度相应增加，直至达到饱和磁感应强度。这条曲线被称为初始磁化曲线，其明显分为三段，初始部分磁感应强度随磁场强度缓慢增加，中间部分磁感应强度随磁场强度迅速增加，以及最终部分磁感应强度随磁场强度的增加又变得缓慢。

当磁场从饱和磁场强度降低时，磁化曲线并不按照之前的路径下降。当磁场强度为零时，材料的磁感应强度不为零，保留剩余磁化强度（剩磁）B_r。只有当反向的磁场增强至 H_c 时，磁感应强度 B 才为零，说明必须对材料增加一定强度的反向磁场才能消除剩磁。这里 H_c 被称为矫顽力，其数值能够反映铁磁材料保持剩磁的能力。之后将反向磁场继续增大，材料将被反向磁场所磁化，并达到饱和状态。再将反向磁场不断减小直至为零，之后再增加正向磁场至 H_s，材料将再次达到磁饱和状态。当磁场在 H_s 到 $-H_s$ 之间变化时，可以绘制出一条闭合的曲线，称为磁滞回线。在这个过程当中，需要消耗额外的能量并以热能的形式释放，这种损耗称为磁滞损耗。磁滞损耗的大小与磁滞回线所围成的面积成正比。也可以通过磁滞回线的形状来区分软磁材料和硬磁材料。硬磁材料的磁滞回线所围成的面积较宽，剩磁和矫顽力较大，因此它的磁感应强度能够被较好地保持。软磁材料的磁滞回线所围成的面积较窄，剩磁和矫顽力较小，其磁导率和饱和磁感应强度大，容易磁化和去磁。

测量磁化曲线和磁滞回线的常用方法有冲击电流计法和示波器法。前一种方法虽然精确度较高，但较为复杂，后一种方法虽然不够精确，但却具有直观、方便、迅速以及能在脉冲磁化下测量的优点。本实验通过在阴极射线示波器的水平和垂直方向分别输入与磁场 H 和磁感 B 成正比的电压，具体原理如图 6-3 所示。

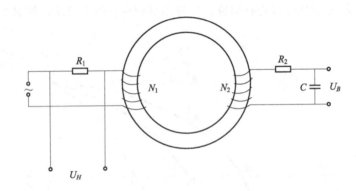

图 6-3 磁滞回线测量原理示意图

图 6-3 中 N_1 为磁化线圈匝数，N_2 为用来测量磁感应强度 B 而设置的线圈匝数。R_1 为取样电阻，其两端的电压加载到示波器的 x 轴输入端上。假设样品的中心长度为 L，通过线圈的磁化电流为 i，根据安培环路定理，可知样品的磁场强度应为：

$$H = \frac{N_1 i}{L} \tag{6-1}$$

而

$$U_H = R_1 \times i \tag{6-2}$$

所以可以得出：

$$H = \frac{N_1}{LR_1} U_H \tag{6-3}$$

因此，示波器的 x 输入端 U_H 与磁场强度 H 成正比。

通过 RC 电路与测量线圈相连，将电容两端由电磁感应引起的电压变化 U_B 加载在示波器 y 的输入端上。根据法拉第电磁感应定律，由于样品中的磁通率的变化，在测量线圈中会产生感应电动势，假定样品的横截面积为 A，那么感应电动势 ε 的大小为：

$$\varepsilon = -N_2 A \frac{\mathrm{d}B}{\mathrm{d}t} \tag{6-4}$$

如果忽略自感电动势和电路损耗，则回路方程为：

$$\varepsilon = i_2 R_2 + U_B \tag{6-5}$$

式中，i_2 为感生电流；U_B 为积分电容 C 两端的电压。

假设在 δt 时间内，i_2 电容器 C 充电量为 Q，可以得到：

$$U_B = \frac{Q}{C} \tag{6-6}$$

因此

$$\varepsilon = i_2 R_2 + \frac{Q}{C} \tag{6-7}$$

如果选取的 R_2 和 C 足够大，将使得 $i_2 R_2$ 远远大于 $\frac{Q}{C}$，从而可以简化得到：

$$\varepsilon = i_2 R_2 = R_2 \frac{\mathrm{d}Q}{\mathrm{d}t} = R_2 C \frac{\mathrm{d}U_B}{\mathrm{d}t} \tag{6-8}$$

由此，可以得到：

$$R_2 C \frac{\mathrm{d}U_B}{\mathrm{d}t} = -N_2 A \frac{\mathrm{d}B}{\mathrm{d}t} \tag{6-9}$$

这证明在示波器 y 输入端输入的电压 U_B 与磁感应强度 B 成正比。因此，通过在示波器的 x 输入端和 y 输入端分别加载 U_H 和 U_B，就可以观察到样品的磁化曲线 $B\text{-}H$ 图，并可用示波器测出 U_H 和 U_B 值，进而根据公式计算出 H 和 B 的值，同样还可以求得饱和磁感应强度、剩磁、矫顽力、磁滞损耗以及磁导率等参数。

三、实验仪器和材料

1. 实验仪器

DH4516A 型磁滞回线实验仪。

2. 实验材料

铸钢和硅钢。

四、实验步骤

1. 试样退磁

在测量原始磁化曲线时，必须对试样进行退磁处理。可以通过交变磁场退磁，也可以采用热退磁法。前者是通过强度逐渐减小至零的交变磁场，或者是采用加热到居里温度以上，然后再冷却下来的方法。这里采用交变磁场退磁法来对试样进行退磁处理。首先将磁滞回线实验仪启动电源，顺时针方向转动电压选择旋钮，使电压 U 从 0 增至 3V，再逆时针方向转动旋钮，将 U 从最大值降为 0，从而消除剩磁。

2. 观察磁滞回线测定基本磁化曲线

开启示波器电源，了解示波器 x 和 y 输入端的灵敏度，并选择合适的挡位，屏幕上出现图形大小合适的磁滞回线。对于退磁的样品，将电压 U 从 0 开始逐挡提高，将在显示屏上得到由小到大的一个套一个的一系列的磁滞回线。这些磁滞回线的顶点的连线就是样品的基本磁化曲线。

3. 磁滞回线的测绘

选择合适的 U 值，按步骤测量数个采样点的 H 和 B 值，作图，并计算样品的饱和磁感应强度 B_s、剩余磁化强度 B_r，饱和磁化强度 H_s，以及矫顽力 H_D。

五、思考题

1. 如何对铁磁材料进行退磁？

2. 如何在磁滞回线上确定样品的饱和磁感应强度 B_s、剩余磁化强度 B_r、饱和磁化强度 H_s 以及矫顽力 H_D？

3. 磁滞回线所围成的面积代表什么？

实验二十五

超导材料的完全抗磁性测定

一、实验目的

1. 了解超导体的基本特性。
2. 了解低温技术在实验中的应用。

二、实验原理

超导材料也称超导体，是一种在一定温度条件下，电导率会突然转变为零的材料。早在 1911 年，人们发现汞在极低温度下电阻消失，从而意识到了超导现象的存在。物理学家们对这一现象产生了浓厚的兴趣，提出了诸多理论来试图对超导现象进行解释，1957 年库珀等基于量子力学提出的 BCS 理论，从微观层面对第一类超导体成功进行了解释。

超导体两个显著的主要特征，首先就是零电阻效应，也可以称之为完全导电性，即在超导转变温度之下，材料的电阻完全消失。需要指出的是，这里指的是直流电阻的完全消失，对于交流电而言，其电阻并不为零，交流损耗依然存在。超导体具有的另一个重要特征就是完全抗磁性，这也被称为迈斯纳效应。将超导体置于磁场中，磁通不能穿透超导体表面进入其内部，因此，超导体的磁感应强度始终为零，如图 6-4 所示。基于超导体所具有的这两个显著特征，超导体被广泛应用于生产、生活以及科学研究等各个领域。由于超导体的零电阻效应，可以显著降低电流在传输中的损耗，并避免散热问题的产生。生活当中常提到的磁悬浮列车则是应用了超导体的完全抗磁性。

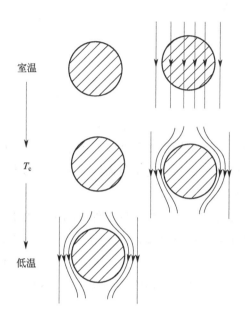

图 6-4　超导体的磁性（左侧为先冷却至 T_c 后加磁场，右侧为先加外磁场后冷却）

当对超导材料施加磁场时，如果磁场的强度超过一定限度，样品的超导特性随之会被破坏，样品由超导态转变为正常态。引发这一相变的最小磁场强度被定义为临界磁场强度 H_c。根据相变过程的形式不同，超导材料可以分为两类：第一类超导体和第二类超导体。对于第一类超导体而言，当外磁场强度突破临界磁场强度 H_c，超导材料立即发生相变，材料由超导态转变为正常态。对于第二类超导体而言，存在两个临界磁场强度，分别是下临界磁场强度 H_{c1} 和上临界磁场强度 H_{c2}。当磁场强度高于下临界磁场强度 H_{c1} 后，磁感线能够部分穿透到超导体内部，随着磁场强度的增加，穿透程度也在增加，当磁场强度大于上临界磁场强度 H_{c2} 之后，磁感线方能完全穿透超导体，此时超导体过渡为正常态。从图 6-5 可以看到在 H_{c1} 与 H_{c2} 之间存在着一个混合态。处于混合态的第二类超导体具有不完全抗磁性，电阻仍然为零。

在当前已发现的超导材料当中，绝大多数的金属超导材料均属于第一类超导体，而大多数的超导合金和化合物都属于第二类超导体。具有实际应用价值的高温超导材料本质上就是非理想的第二类超导体。将外磁场强度从零开始增加，当磁场强度大于 H_{c1} 时，磁

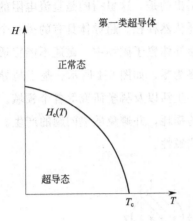
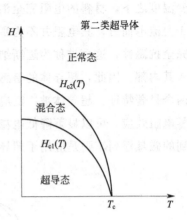

图 6-5　第一类和第二类超导体

场以磁通量子的形式进入超导体内部。但由于超导体内部缺陷的存在，磁通线进入超导体后将被其阻碍。不仅如此，当外磁场强度下降时，缺陷还会阻碍磁通线的排出，从而在第二类超导体中残留了一个俘获的磁通。这个阻碍磁通线运动的力来自于缺陷，被称为钉扎力，这个缺陷也就被称为钉扎中心。

本实验将处于或接近超导态的超导材料置于外磁场中，由于完全抗磁性以及磁通钉扎效应，在超导体内部将产生感应屏蔽电流。由于超导体电阻为零，该感应电流将几乎不会随时间而衰减。由楞次定律（Lenz's law）可知，感应电流所产生的磁场将阻碍引起感应电流的磁通量的变化。因而，超导体的磁场将与外磁场方向相反，从而悬浮于外磁场之上，如图 6-6 所示。

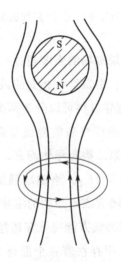

图 6-6　超导小球的磁悬浮

三、实验仪器和材料

1. 实验仪器

不锈钢杜瓦容器，磁轨道。

2. 实验材料

超导体样品。

四、实验步骤

① 将超导样品置于液氮中浸泡 3～5min，使其冷却至居里温度之下。

② 用竹夹将超导样品夹出，并将其放置在磁体的中央，调整其悬浮高度（10 mm 左右）以保持稳定。

③ 沿轨道水平方向轻推样品，可观察到样品沿着轨道做周期性水平运动。

④ 观察实验现象：随温度升高，直至高于临界温度，样品掉落到轨道上。

五、思考题

1. 超导体的典型特征是什么？
2. 如何实现超导体的悬浮？

实验二十六

居里温度的测定

一、实验目的

1. 了解铁磁物质由铁磁性转变为顺磁性的微观机理。
2. 了解测量居里温度的原理。
3. 掌握测定铁磁样品的居里温度的方法。

二、实验原理

根据材料在磁场中表现不同，可以将其分为抗磁性、顺磁性、铁磁性、反铁磁性以及亚铁磁性。材料的抗磁性源于物质中的电子在磁场中运动时，由于电磁感应作用，轨道电子将在洛伦兹力的作用下，产生一个与外磁场方向相反的磁矩，从而在宏观上表现出抗磁性。在无磁场作用下，顺磁性材料中的电子自旋磁矩由于热运动而无序排列，因而总体上并不表现宏观磁性，如图 6-7（a）所示。当对顺磁性材料施加外磁场后，其中电子的磁矩将沿磁场方向取向排列，从而表现出微弱磁性。铁磁材料中由于相邻电子或离子之间的交换作用，原子磁矩平行排列，从而形成了自发磁化，如图 6-7（b）所示。在自发磁化的过程中，为了降低静磁能，在材料内部将形成一系列方向各异的小型磁化区域，称为磁畴。在每个磁畴内部，原子磁矩排列方向都一致，但相邻磁畴中原子磁矩排列方向各不相同，原子磁矩相互抵消，因此当没有外加磁场时，铁磁材料并不能表现出宏观磁性，如图 6-8 所示。当对铁磁材料施加外磁场时，铁磁材料的磁畴畴壁发生移动，导致磁畴大小发生变化，原子磁矩不能完全抵消，从而表现出宏观磁性。此外，随着温度升高，铁磁材料内原子磁矩的取向排列也会因原子的热运动而破坏，当材料温度高于某一临界温度时，铁磁材料中自发磁化消失，材料由铁磁性转变为顺磁性。1985 年，物理学家皮埃尔·居里在研究铁磁性与温度之间的关系时，发现了这一转变温度的存在，因而该温度被称为居里温度（T_c）。在反铁磁材料中，原子磁矩由于交换作用也会形成有序排列，但与铁磁材料不同，反铁磁材料中相邻原子磁矩呈反平行排列，如图 6-7（c）所示，因而材料宏观不表现磁矩。在磁场作用下，反铁磁性表现出与顺磁性相类似的形状，但其有类似铁磁材料的临界温度，即奈尔温度（T_N）。当材料温度低于 T_N 时，材料的磁化率随温度升高而增加；当温度高于 T_N 时，材料则表现出顺磁性。亚铁磁材料中原子磁矩由于交换作用而同样是反平行排列，但与反铁磁材料情况不同，亚铁磁材料中磁矩并不能完全抵消，因此表现出宏观磁矩，如图 6-7（d）所示。

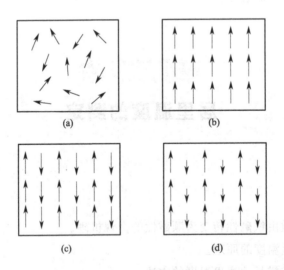

图 6-7　顺磁磁矩排列（a）、铁磁磁矩排列（b）、反铁磁磁矩排列（c）和亚铁磁磁矩排列（d）

对于铁磁材料而言，居里温度是至关重要的。通过测量材料居里温度，可以间接研究材料中电子自旋交换作用的强度，加深人们对磁性材料的理解。居里温度的高低对铁磁材料的应用有着显著影响，尤其是在工程器件领域，必须充分考虑该材料的居里温度与器件工作温度，这样才可以选出合适的铁磁材料。因此，能够精确地对铁磁材料的居里温度进

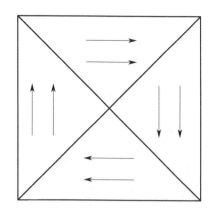

图 6-8 铁磁材料中的磁畴

行测量不仅有着较大的科学价值，还有着重要的实际意义。当前人们已经研发出多种可以测量材料居里温度的方法。总体上来说，一般从以下两个方面入手。①一方面，可以通过直接测量铁磁材料磁参量与温度的关系来测量样品的居里温度。比如可以测量材料的饱和磁化强度（M）与温度（T）的关系，通过绘制 M-T 曲线并观察当饱和磁化强度降为零时的温度，来确定样品的居里温度。也可借助超导量子干涉（SQUID）直接测量磁感应强度（χ）与 T 的关系曲线（χ-T 曲线）来确定样品的居里温度。②另一方面，由于直接测量磁参量比较复杂，也可以通过测量非磁性参量来间接确定材料的居里温度。当温度高于居里温度时，材料将发生相变，从铁磁态转变为顺磁态。该相变不仅影响其磁学性质，同时比热容、热电势、电阻温度系数等非磁参数在居里温度附近也会发生突变，因此，借助这些参数的突变也可以确定该材料的居里温度。

本实验中，通过直接测量铁磁材料磁参量与温度的关系来测量样品的居里温度，为了实现这一目标，需要测量材料磁参量与温度之间的关系。这既需要提供材料磁化的磁场，并可以有效调控和测量材料温度，还需要反映材料是否具有铁磁性。在本实验过程中，通过示波器法来判断材料是否具有铁磁性，具体如图 6-9 所示。

其中测试样品为一环形试样，通过励磁线圈 N_1 将样品磁化，通过感应线圈 N_2 产生感应电动势，前面证明了将 U_H 以及 U_B 分别与示波器的 x 以及 y 输入端相连，就可以得到样品的磁滞回线。这里将样品置于加热炉中，通过温度传感器对温度进行监视和调控，因此可以测量不同温度下样品的磁滞回线。由于感应电动势 ε 与磁感应强度 B 成正比，因此可以通过测量 ε 随温度 T 的变化来反映 B 随温度的变化，从而确定材料的居里温度。

三、实验仪器和材料

1. 实验仪器

JLD-Ⅱ型居里点测试仪，示波器。

2. 实验材料

试样。

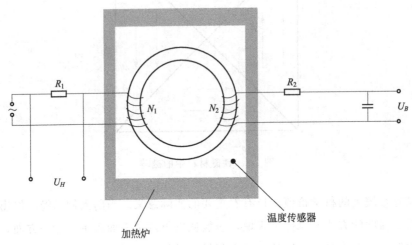

图 6-9　实验装置示意图

四、实验步骤

① 连接设备，装入样品。

② 打开电源，将测试仪 "H 输出" 和 "B 输出" 分别与示波器的 x 以及 y 端连接，调节设备观察磁滞回线。

③ 升温，记录磁滞回线消失时的温度。

④ 加热炉降温。

⑤ 将炉温设置成较之前所测量的居里温度稍低的温度。

⑥ 按下 "测量" 开关，记录温度以及对应感应电动势的积分值。

⑦ 数据处理，在 $\varepsilon\text{-}T$ 曲线上斜率最大处做切线，其与横坐标的交点，就是该材料的居里温度。

五、思考题

1. 居里温度的定义是什么？对铁磁材料而言其为何十分重要？

2. 为什么可以用非磁性参量来测量材料的居里温度？

3. 如何在 $\varepsilon\text{-}T$ 曲线上确定居里温度？

第七章
材料的动力学行为分析

沉降法测定分散体系颗粒的大小和粒度分布

一、 实验目的

1. 学会用扭力天平测定白土的粒度分布。

2. 掌握粒度分布的数据处理方法。

3. 了解计算机与电子天平联用测定沉降曲线，拟合曲线方程，研究粒度分布的原理与方法。

二、实验原理

粒度分布测定是指使悬浮液中的粒子在重力场作用下沉降，从不同时间内的沉降量求得不同半径粒子相对量的分布。它的测定理论是基于斯托克斯（Stokes）定律的力平衡原理：假设半径为 r 的球形粒子在重力作用下，于黏度为 η 的均相介质中以速度 v 做等速运动，则粒子所受到的阻力（摩擦力）f 由式（7-1）决定：

$$f = 6\pi\eta r v \tag{7-1}$$

由于粒子做等速运动，所以这一摩擦力应等于粒子所受的重力 $\frac{4}{3}\pi r^3(\rho-\rho_0)g$，即

$$6\pi\eta r v = \frac{4}{3}\pi r^3(\rho-\rho_0)g \tag{7-2}$$

式中，η 为介质黏度，Pa·s；v 为粒子沉降速度，m·s^{-1}；ρ 为粒子密度，kg·m^{-3}；ρ_0 为介质密度，kg·m^{-3}；g 为重力加速度，m·s^{-2}。可得：

$$r = \sqrt{\frac{9}{2}\frac{\eta v}{(\rho-\rho_0)g}} \tag{7-3}$$

若已知 η、ρ、ρ_0，则测定粒子沉降速度 v，就可算得粒子半径 r。

设沉降前不同半径的粒子均匀地分布在介质中，而且半径相同的粒子沉降速度都相等。若悬浮液中只有一种同样大小的粒子，在沉降天平中测定该悬浮液在不同时间 t 内沉降在盘中的粒子质量 m，作出的 m-t 曲线（沉降曲线）应该是一条通过原点的直线 OA，如图 7-1（a）所示。当时间至 t_1 时，处在液面的粒子亦已沉降到盘上，即沉降完毕，其总沉降量为 m_c，此后 m_c-t 即成为平行于横轴的直线。根据盘至液面的距离 h 和 t_1 可以计算出这种粒子的沉降速度 v：

$$v = \frac{h}{t_1} \tag{7-4}$$

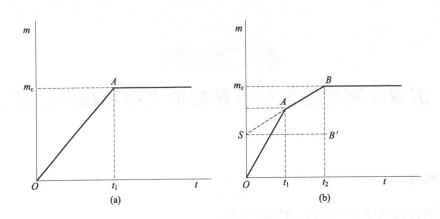

图 7-1　简单的沉降曲线

则粒子的半径 r：

$$r = \sqrt{\frac{9}{2} \frac{\eta h}{(\rho - \rho_0) g t_1}} \tag{7-5}$$

相应的沉降时间为：

$$t_1 = \frac{9}{2} \frac{\eta h}{(\rho - \rho_0) g r^2} \tag{7-6}$$

对于含有两种不同半径粒子的系统，其沉降曲线形状如图 7-1（b）所示。在大粒子沉降时总是伴随着小粒子的沉降，OA 段反映了大粒子和一部分小粒子的共同沉降，因此斜率较大。至 t_1 时，大粒子全部沉降完毕。此后只剩下较小的粒子继续沉降，因此沉降曲线发生转折，沿 AB 段上升。至 t_2 时，小粒子也沉降完毕。m_c 为两种粒子在沉降盘上的总质量。

为了求两种粒子的相对含量，可将线段 AB 延长，交纵轴于 S。OS 即为第一种（较大的）粒子的质量，m_cS 即为第二种（较小的）粒子的质量。因为线段 AB 是表示只剩下第二种粒子时的沉降曲线，所以其斜率 $\dfrac{BB'}{SB'}$ 为这种粒子在单位时间内的沉降量 $\dfrac{\Delta m}{\Delta t}$。显然，在 t_2 时间内沉降的小粒子质量应为 $\dfrac{BB'}{SB'} \times Ot_2 = BB' = m_cS$。将总量减去小粒子的量，即为第一种大粒子的量，所以 $Om_c - m_cS = OS$ 为第一种粒子的沉降量。

　　实际上所遇到的悬浮液均为粒子半径连续分布的体系，即多级分散体系。其沉降曲线见图 7-2。在某一时间 t_1，已沉降的粒子质量为 m_1，按大小可分为两部分。一部分半径大于 r_1 的粒子已全部沉降。另一部分半径小于 r_1 的粒子仍在继续沉降。过 A 点作切线与纵轴交于 S_1，则 m_1S_1 表示半径小于 r_1 的粒子在 t_1 时间内的沉降量，而 OS_1 则表示半径大于 r_1 的粒子全部沉降的量。到 t_2 时，可作 B 点切线与纵轴交于 S_2，OS_2 表示半径大于 r_2 的粒子全部沉降的量，m_2S_2 表示半径小于 r_2 的粒子在 t_2 时间内沉降的量。同理，OS_3 表示半径大于 r_3 的粒子全部沉降的量，依此类推。

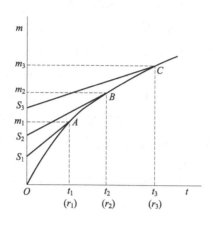

图 7-2　多级沉降曲线

　　因此 $OS_2 - OS_1 = S_1S_2 = \Delta S_{1\sim2}$ 表示半径处于 r_1 和 r_2 之间的粒子沉降的量。同样，$S_2S_3 = \Delta S_{2\sim3}$ 表示半径处于 r_2 和 r_3 之间的粒子沉降的量。若沉降总量为 m_c，则 $\dfrac{\Delta S_{1\sim2}}{m_c} \times 100\%$ 表示半径处 r_1 和 r_2 之间的粒子的量占粒子总量的百分数，依此类推。定义 $\dfrac{\Delta S}{m_c\Delta r}$ 为分布函数，以分布函数对 r 作图，即可得到粒度分布图。

三、实验仪器和材料

1. 实验仪器

JN-B-500 精密扭力天平，超级恒温槽，密度瓶。

2. 实验材料

去离子水，400 目白土。

四、实验步骤

1. 称取约 2.5 g 的 400 目白土在沉降筒内，加 500 mL 去离子水配制成沉降液。
2. 开启超级恒温槽，使沉降筒达到实验指定温度。

3. 查看扭力天平是否放置水平，如果不水平则调整之。逆时针关闭天平上的制动旋钮，小心挂上沉降盘。

4. 打开磁力搅拌器，剧烈搅拌沉降液，务必使所有的粒子都均匀悬浮在介质中。

5. 关闭搅拌器，立即用玻璃棒搅拌悬浮液，消除由磁力搅拌所产生的离心作用。

6. 迅速放好沉降筒，悬挂沉降盘，并开启扭力天平的制动旋钮，旋转读数旋钮，使平衡指针 1 指在中线位置，并且指针与镜子中的影像重合，记录下指针所指的读数。

7. 旋转读数旋钮，跟踪沉降盘的质量变化，使平衡指针始终处于中线位置，且与镜中影像重合。开始时每隔 1min 读 1 次天平读数，共 8 次；读数间隔增为 2min，读 6 次；读数间隔增为 3min，读 5 次；读数间隔增为 5min，读数 8 次。

8. 待沉降完毕，记下系统温度并测量沉降高度 h（即悬浮液液面到沉降盘的距离）。

9. 白土密度测定。首先称量洁净干燥的空比重瓶，质量为 m_0。注满蒸馏水后放入恒温槽恒温。15min 后用滤纸吸去瓶塞上毛细管口溢出的液体，称得质量 m_1。倒去水后将比重瓶吹干，放入适量白土，称得质量 m_2。然后在比重瓶中注入适量蒸馏水，待白土完全润湿后，再将比重瓶注满蒸馏水恒温后，同上操作，称得质量为 m_3。按公式 $\rho = \dfrac{m_2 - m_0}{(m_1 - m_0) - (m_3 - m_2)}\rho_0$ 计算白土的密度 ρ。式中 ρ_0 为室温下水的密度，单位 $kg \cdot m^{-3}$。

10. 实验完毕，整理实验台，打扫实验室。

11. 实验数据处理

① 以沉降量 m 为纵坐标、时间 t 为横坐标作出沉降曲线，绘制沉降曲线。

② 作切线求各半径范围的粒子相对含量。按公式 $t_1 = \dfrac{9}{2}\dfrac{\eta h}{(\rho - \rho_0)\, gr^2}$ 计算粒子半径 r 分别为 $8\mu m$、$6\mu m$、$5\mu m$、$4\mu m$、$3.5\mu m$、$3\mu m$、$2.5\mu m$ 的沉降时间。然后在沉降曲线上找到相应的点，用镜面法作通过这些点的切线，得到沉降量轴上各截距（如 OS_1，OS_2 …）。根据各截距值计算粒子半径为 $8 \sim 6\mu m$、$6 \sim 5\mu m$、$5 \sim 4\mu m$、$4 \sim 3.5\mu m$、$3.5 \sim 3\mu m$、$3 \sim 2.5\mu m$、$2.5 \sim 0\ \mu m$ 等不同范围内的相应沉降量 ΔS 值。

③ 沉降总量的计算。在悬浮液中，半径很小的粒子全部沉降完毕需要很长的时间。为此可用外推法求得沉降总量。即在沉降曲线下方，以沉降曲线的末端高分散度颗粒沉降量的原截距对 A/t（A 为任意整数，如取 $A = 1000$）作图，得一直线，延长此直线与沉降量轴的交点 G 即相当于总沉降量。

④ 作粒度分布图。计算一系列分布函数 $\dfrac{\Delta S}{m_c \Delta r}$ 值，以此为纵坐标，粒子半径为横坐标，画出一系列长方形，即得粒度分布图。

五、思考题

1. 粒子的分布应与温度无关，为什么本实验要在恒温下进行？

2. 为什么要在充分搅拌后迅速挂好沉降盘，调节扭力的平衡开始读数？

3. 若悬浮液中粒子较大以致沉降速度太快，可采用什么措施减慢其沉降速度？

4. 某半径范围的粒子分布函数和它的相对含量有何关系，如何换算？

扩散实验

一、实验目的

1. 学会用扩散定律的误差函数估算碳在铁中的扩散系数，加深对扩散定律的理解。
2. 根据相图和扩散理论分析二元系扩散偶的扩散层组织。

二、实验原理

1. 碳在铁中扩散系数 D 的估算

菲克（Fick）第二定律的数学表达式为：

$$\frac{\partial}{\partial x}\left(D\,\frac{\partial C}{\partial x}\right)=\frac{\partial C}{\partial t} \tag{7-7}$$

若 D 为常数，则式（7-7）可写成：

$$D\,\frac{\partial^2 C}{\partial x^2}=\frac{\partial C}{\partial t} \tag{7-8}$$

对纯铁进行渗碳，利用初始条件和边界条件，并通过变量置换可求出式（7-8）：

$$C=C_s\left[1-\mathrm{erf}\left(\frac{x}{2\sqrt{Dt}}\right)\right] \tag{7-9}$$

式中，C 为距表面某一深度 x 处的碳浓度；C_s 为试样表面的碳浓度；x 为渗层深度；t 为渗碳时间，s；D 为碳在铁中的扩散系数，$m^2 \cdot s^{-1}$。

式（7-9）即为纯铁渗碳时第二扩散定律的误差函数解。若能通过实验确定其中的四个变量，则通过查误差函数表 [erf（β）与 β 的对应值表] 即可求出第 5 个量。为了求扩散系数 D，必须知道 t、C_s、x 和 C。其中 t 为渗碳时间，只要在渗碳时把它记录下来即可。试样表面碳浓度 C_s 可以通过将渗碳试样表面剥下很薄的一层进行成分分析（如化学分析）来确定。但要求在渗碳过程及随后的冷却过程中不氧化、不脱碳，渗碳后试样表面保持洁净；若用可控气氛进行渗碳，则 C_s 可由渗碳气氛的碳势近似给出。距表面某一深度 x 处的碳浓度 C，可通过逐步剥层定碳法确定，也可用金相法通过测量渗层深度近似给出。为了便于实验者在实验课内亲自进行测量，本实验采用金相法确定 C 和 x 的对应值。采用金相法的条件是渗碳后的试样必须缓慢地进行冷却，以尽可能接近平衡状态。把自表面至半珠光体层（体积分数为50%珠光体处）的深度 x 定为渗碳层深度，半珠光体层碳

浓度近似地取为 0.40%。知道了 t、C_s、x 和 C，通过查表和简单的计算，就可求出 D。

2. 铜-锌扩散偶的扩散层组织

将熔化后的纯锌浇铸到特制的小型纯铜坩埚中。然后在较高的温度下进行较长时间的加热（例如 $500℃$，$10h$），使之发生固态下的扩散。冷却后，将其沿纵向（或横向）剖开，再把剖面磨平、抛光，并进行化学腐蚀。这时在金相显微镜下观察其扩散层组织，可以看到四个清晰的界面（1、2、3、4）和五个区（α、β、γ、ε、$\varepsilon+\eta$）。

在 Cu-Zn 系相图中（图 7-3），从铜组元到锌组元依次有 α、$\alpha+\beta$、β、$\beta+\gamma$、γ、$\gamma+\varepsilon$、ε、$\varepsilon+\eta$、η 九个相区，其中五个单相区，四个两相区。但在铜-锌扩散偶的扩散层中只有 α、β、γ、ε 四个单相区，而在单相区之间并无两相区存在。这是由于对于二元系扩散偶，假如有两相混合区存在的话，如 α 和 β 平衡共存，则此时化学势相等，即 $\mu_i^{\alpha}=\mu_i^{\beta}$，因此在该层中 $\dfrac{\partial \mu_i}{\partial x}=0$。在这段区域中由于没有扩散驱动力，扩散便不能进行。由公式 $J_i=-C_iB_i\dfrac{\partial U_i}{\partial x}$ 知，若 $\dfrac{\partial U_i}{\partial x}=0$，则通过此区的流量为零，表明组分 i 的扩散不能进行，而实际情况是，随着扩散加热时间的延长（不是无限长），扩散层各区的尺寸不断增厚，说明扩散过程一直在进行。因此，如果在二元系扩散偶中出现两相混合区层，流入或流出此区边界的扩散将引起一相的消失，最后两相混合区层将消失。铜-锌扩散仍属于二元系扩散偶，各区都是固态下扩散的产物，不可能有两相混合区层存在。

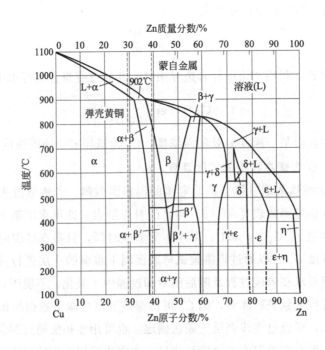

图 7-3　Cu-Zn 系相图

图 7-4 为在 $380℃$ 加热 $10\,h$ 后得到的铜-锌扩散偶的扩散层组织（横剖面）。由于扩散

温度较低，各单相区层的厚度显著减小，其中 β 相由于其层太薄，在倍数低的显微镜下看不清楚，由此可以看到温度对扩散的重大影响。由于锌在扩散加热过程中保持固态（锌的熔点为 419 ℃），所以在坩埚中心区域没有两相组织，而只有 η 相。η 相是在加热过程中通过扩散形成的以锌为溶剂，以铜为溶质的固溶体。由于是在固态下的扩散，η 相仍保持浇铸锌时得到的柱状晶形态。由图 7-4 也可以看到，在各单相区层之间只有相界面，而无两相混合区层存在。

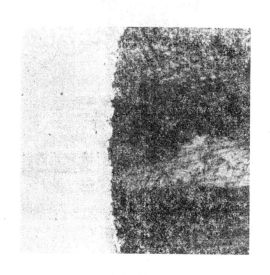

图 7-4　在 380 ℃加热 10 h 后的钢-锌扩散偶的扩散层组织

扩散偶在加热扩散以前，只有纯铜（坩埚）通过扩散在它们之间形成了 α、β 和 ε 相。这种通过扩散而形成新相的现象称为反应扩散或相变扩散。二元系发生反应扩散时，在扩散过程中渗层的各部分都不可能有两相混合区出现。

三、实验仪器和材料

1. 实验仪器

金相显微镜（所用目镜带目镜测微尺，图 7-5），物镜测微尺。

2. 实验材料

纯铁渗碳金相试样（需给出渗碳过程的有关参数、渗碳温度、渗碳时间和表面碳浓度），500 ℃扩散 10 h 的铜-锌扩散偶金相试样，380 ℃扩散 10 h 的铜-锌扩散偶金相试样。

四、实验步骤

1. 用金相显微镜测量纯铁渗碳试样的渗碳层深度 x（半珠光体层到表面的距离）。每块试样应在不同部位测量三次，然后取其平均值。根据 x、C（取 0.4%）、C_s（实验给出）和 t（实验给出）求碳在铁中的扩散系数 D。由于扩散系数与温度有关，所求 D 值为

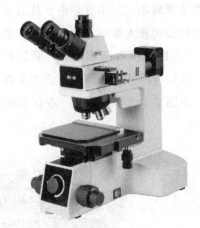

图 7-5　金相显微镜

渗碳温度下碳在铁中的扩散系数。

2. 对照 Cu-Zn 相图，用金相显微镜观察和分析铜-锌扩散偶的扩散层组织（500 ℃扩散 10 h 和 380 ℃扩散 10 h 两种），并测量扩散层中 β、γ 和 ε 相区的厚度 z。

3. 实验完毕，打扫实验室。

4. 实验数据记录与处理

（1）实验数据记录（表 7-1）

表 7-1　实验数据记录表

实验测量参数		实验数据
渗碳温度 T		
渗碳时间 t		
表面碳浓度 C_s		
渗层深度 x	x_1	
	x_2	
	x_3	
	$\bar{x}$	
扩散系数 D		

（2）实验数据处理

① 根据 x、C（取 0.4%）、C_s 和 t，求碳在铁中的扩散系数 D。

② 用求得的 D 值和已知的 C_s 和 t 值求不同深度的碳浓度，并建立渗层的碳浓度 C-x 曲线，所设 x 值不得少于 8 个。

③ 分别画出 500℃扩散 10h 和 380℃扩散 10h 的铜-锌扩散偶扩散层组织示意图，并注明各层各相的名称。

④ 以距离 z 为横坐标，以锌含量（%）为纵坐标，将实验中测得的各相区的厚度标在横坐标上，根据 Cu-Zn 相图确定 500℃和 380℃各相的最低锌含量和最高锌含量，然后

建立扩散层中锌浓度分布曲线，即 Zn 含量-z 曲线。由于 α 和 η 相的层厚未经实验测定，作图时可定性画出，α 相画到锌含量为零，η 相画到锌含量为 100％（对于 380℃ 加热扩散）。对于 500℃ 加热的扩散偶，中心区域的 ε＋η 两相组织的平均锌含量可根据 Cu-Zn 相图和扩散温度确定。

五、思考题

1. 在用菲克第二定律来解决扩散问题时，应注意哪些？

2. 使用金相法测定纯铁渗碳试样的渗层深度的条件是什么？

实验二十九

动态力学分析

一、实验目的

1. 了解 DMA 的测量原理及仪器结构。

2. 了解影响 DMA 实验结果的因素，正确选择实验条件。

3. 通过聚合物 PP 动态模量和力学损耗与温度关系曲线的测定，了解线性非结晶聚合物不同的力学状态。

4. 学会使用 DMA 来测试聚合物的 T_g，并会分析材料的热力学性质。

二、实验原理

在外力作用下，对样品的应变和应力关系随温度等条件的变化进行分析，即为动态力学分析。动态力学分析能得到聚合物的动态模量（E'）、损耗模量（E''）和力学损耗（$\tan\delta$）。这些物理量是决定聚合物使用特性的重要参数。同时，动态力学分析对聚合物分子运动状态的反应也十分灵敏，考察模量和力学损耗随温度、频率以及其他条件的变化的特性可得到聚合物结构和性能的许多信息，如阻尼特性、相结构及相转变、分子松弛过程、聚合反应动力学等。

高聚物是黏弹性材料之一，具有黏性和弹性固体的特性。它一方面像弹性材料具有贮存机械能的特性，这种特性不消耗能量；另一方面，它又具有像非流体静应力状态下的黏液，会损耗能量而不能贮存能量。当高分子材料形变时，一部分能量变成势能，一部分能量变成热而损耗。能量的损耗可由力学阻尼或内摩擦生成的热得到证明。材料的内耗是很重要的，它不仅是性能的标志，而且是确定它在工业上的应用和使用环境的条件。

如果一个外应力作用于一个弹性体，产生的应变正比于应力，根据胡克定律，比例常数就是该固体的弹性模量。形变时产生的能量由物体贮存起来，除去外力物体恢复原状，贮存的能量又释放出来。如果所用应力是一个周期性变化的力，产生的应变与应力同位相，过程也没有能量损耗。假如外应力作用于完全黏性的液体，液体产生永久形变，在这个过程中消耗的能量正比于液体的黏度，应变的相位角落后于应力 90°。聚合物对外力的响应是弹性和黏性两者兼有，这种黏弹性是由于外应力与分子链间相互作用，而分子链又倾向于排列成最低能量的构象。在周期性应力作用的情况下，这些分子重排跟不上应力变化，造成了应变落后于应力，而且使一部分能量损耗。正弦应变落后一个相位角。如果施加在试样上的交变应力为 σ，则产生的应变为 ε，由于高聚物黏弹性的关系，其应变将滞后于应力，则 ε、σ 分别以下式表示：

$$\varepsilon = \varepsilon_0 \exp i\omega t \tag{7-10}$$

$$\sigma = \sigma_0 \exp i(\omega t + \delta) \tag{7-11}$$

式中，ε_0 和 σ_0 分别是最大振幅的应变和应力；ω 是交变应力的角频率；δ 是滞后相位角。

$i = -1$，此时复数模量：

$$E^* = \frac{\sigma}{\varepsilon} = \frac{\sigma_0 \exp i(\omega t + \delta)}{\varepsilon_0 \exp i\omega t} = \frac{\sigma_0}{\varepsilon_0} \exp i\delta = \frac{\sigma_0}{\varepsilon_0}(\cos\delta + i\sin\delta) = E + iE'' \tag{7-12}$$

式中，$E = \frac{\sigma_0}{\varepsilon_0}\cos\delta$，为实数模量，即模量的储能部分；$E'' = \frac{\sigma_0}{\varepsilon_0}\sin\delta$，表示与应变相差 $\pi/2$ 的虚数模量，是能量的损耗部分。另外还有用内耗因子 Q^{-1} 或损失角正切 $\tan\delta$ 来表示损耗，即，$Q^{-1} = \tan\delta = E''/E$。

因此在程序控制的条件下不断地测定高聚物 E''、E 和 $\tan\delta$ 值，就可以得到动态力学-温度谱（动态力学分析图谱）。尽管图中所示的曲线是典型条件下的，但实际测出的高聚物谱图曲线在形状上与之十分相似。从图中看到实数模量呈阶梯状下降，而在阶梯下降相对应的温度区 E'' 和 $\tan\delta$ 则出现高峰，表明在这些温度区，高聚物分子运动发生某种转变，即某种运动的解冻，其中对非晶态高聚物而言，最主要的转变当然是玻璃化转变，所以模量明显下降，同时分子链段克服环境黏性运动而消耗能量，从而出现与损耗有关的 E'' 和 $\tan\delta$ 的高峰。为了方便起见，将玻璃化转变温度 T_g 以下（包括 T_g）所出现的峰按温度由高到低分别以 α，β，γ，δ，ε，…命名，但这种命名并不表示其转变本质。

三、实验仪器和材料

1. 实验仪器

动态力学分析仪（DMA）（注：仪器操作系统和分析系统均由计算机控制，配备专业的 DMA 分析软件）。

2. 实验材料

热塑性树脂聚丙烯（PP）。

四、实验步骤

1. 对热塑性树脂 PP 进行 DMA 测试，使用剪切模式，将样品放入小孔中，启动仪器，观察计算机绘出的图谱，并对图谱进行解析。

2. 实验数据记录与处理。对图谱进行分析，并分析其力学性能，得到 T_g。

五、思考题

简述影响 DMA 测试结果的因素。

实验三十

吸附平衡

一、实验目的

1. 通过实验进一步了解活性炭的吸附工艺及性能。
2. 掌握用间歇法确定活性炭处理污水的设计参数的方法。
3. 学会使用分光光度计。

二、实验原理

活性炭吸附水中所含杂质时，水中的溶解性杂质在活性炭表面积聚而被吸附，同时也有一些被吸附物质由于分子的运动而离开活性炭表面，重新进入水中，即同时发生解吸现象。当吸附和解吸处于动态平衡状态时，称为吸附平衡。这时活性炭和水（即固相和液相）之间的溶质浓度，具有一定的分布比值。如果在一定压力和温度条件下，用质量为 $m(\mathrm{g})$ 的活性炭吸附溶液中的溶质，被吸附的溶质的质量为 $x(\mathrm{mg})$，则单位质量的活性炭吸附溶质的数量 q_e，即吸附容量可按下式计算：

$$q_e = \frac{x}{m} \tag{7-13}$$

$$x = V(C_0 - C) \tag{7-14}$$

式中，q_e 是吸附容量，$\mathrm{mg \cdot g^{-1}}$；C 是吸附平衡浓度，$\mathrm{mg \cdot L^{-1}}$；C_0 是吸附质初始浓度，$\mathrm{mg \cdot L^{-1}}$；V 是水样体积，mL。

q_e 的大小除了取决于活性炭的品种之外，还与被吸附物质的性质、浓度、水的温度及 pH 有关。一般说来，当被吸附的物质能够与活性炭发生结合反应，被吸附物质又不容易溶解于水而受到水的排斥作用，且活性炭对被吸附物质的亲合作用力强，被吸附物质的浓度又较大时，q_e 值就比较大。

描述吸附容量 q_e 与吸附平衡时溶液浓度 C 的关系有 Langmuir、BET 和 Fruendlich 吸附等温式。在水和污水处理中通常用 Fruendlich 表达式来比较不同温度和不同溶液浓度时的活性炭的吸附容量，即：

$$q_e = KC^{\frac{1}{n}} \tag{7-15}$$

式中，q_e 是吸附容量，$mg \cdot g^{-1}$；C 是吸附平衡时的溶液浓度，$mg \cdot L^{-1}$；K 是与吸附比表面积、温度和吸附质等有关的系数；n 是与温度、pH 以及吸附剂和被吸附剂物质的性质有关的常数。

K、n 的求法：$q_e = KC^{\frac{1}{n}}$ 为一个经验公式，通常用图解方法求解比较方便，多将 $q_e = KC^{\frac{1}{n}}$ 取对数，即：

$$\lg q_e = \lg K + \frac{1}{n} \lg C \tag{7-16}$$

将 q_e、C 相应值点绘在双对数坐标纸上，所得直线斜率为 $1/n$，截距为 K。

三、实验仪器和材料

1. 实验仪器

振荡器，分光光度计（图 7-6），分析天平，pH 计（或精密 pH 试纸），温度计（刻度 0~100℃），500mL 三角瓶，100mL 容量瓶，称量纸。

图 7-6　分光光度计

2. 实验材料

粉末状活性炭，亚甲基蓝溶液。

四、实验步骤

1. 绘制亚甲基蓝标准曲线

用移液管分别吸取浓度为 $100\ mg \cdot L^{-1}$ 的亚甲基蓝标准溶液 5mL、10mL、20mL、30mL、40mL 于 100 mL 容量瓶中，用蒸馏水稀释至 100 mL 刻度处，摇匀，以蒸馏水为参比，在波长 470 nm 处，用 1 cm 比色皿测定吸光度，绘出标准曲线。

2. 吸附动力学实验

① 测定一定浓度亚甲基蓝原水水样温度、pH、吸光度。

② 用称量纸准确称量 60mg 粉末状活性炭分别置于 8 个 500 mL 三角瓶内。

③ 用量筒分别准确量取 200mL 原水倒入上述三角瓶内，再置于振荡器上（120 $r \cdot min^{-1}$，25 ℃），并开始计时。

④ 在 5min、10min、20min、30min、50min、70min、90min、120min 时各从振荡器上取出一个三角瓶，并立即用注射针筒和滤膜过滤活性炭，取滤出液测定吸光度，并根据亚甲基蓝标准曲线换算浓度并记录。

⑤ 绘制 C-t 曲线，分析达到吸附平衡的时间。

3. 吸附等温线实验

① 准确称量 10mg、20mg、30mg、40mg、50mg、60mg 活性炭分别置于 500 mL 三角瓶内。

② 用量筒分别准确量取 200 mL 原水倒入上述三角瓶内，将三角瓶置于振荡器上，并同时计时。

③ 根据吸附动力学实验所确定的达到吸附平衡的时间进行振荡（为缩短实验时间，这里取 1 h），停止振荡后，每个三角瓶中溶液用注射针筒和滤膜过滤活性炭，取滤出液测定吸光度，并根据亚甲基蓝标准曲线换算浓度并记录。

④ 以 $\lg q_e$ 为纵坐标，$\lg C$ 为横坐标绘制 Fruendlich 吸附等温线。

⑤ 从吸附等温线上求出 K 和 n，代入 $q_e = KC^{\frac{1}{n}}$，求出 Fruendlich 吸附等温式。

4. 实验数据记录与处理

（1）实验数据记录原水样吸光度_____；pH_____；温度_____

（2）吸附动力学实验记录（表7-2）

表 7-2　吸附动力学实验记录表

杯号	开始时间	时间段/min	结束时间	吸光度	浓度
1		5			
2		10			
3		20			
4		30			
5		50			
6		70			
7		90			
8		120			

吸附平衡时间：_____；吸附容量：_____

（3）吸附等温线实验记录（表 7-3）

表 7-3　吸附等温线实验记录表

杯号	水样体积 /mL	原水水样浓度 $C_0/(\mathrm{mg \cdot L^{-1}})$	吸附平衡后的吸光度	吸附平衡后的浓度 $C/(\mathrm{mg \cdot L^{-1}})$	活性炭投加量 m/mg	$\dfrac{(C_0-C)}{m}$	$\lg\dfrac{(C_0-C)}{m}$
1							
2							
3							
4							
5							
6							

五、思考题

1. 活性炭投加量对吸附平衡浓度的测定有什么影响，该如何控制？

2. 实验结果受哪些因素影响较大，该如何控制？

3. 吸附等温线有什么现实意义？

第八章
材料的物相及成分分析

X 射线衍射分析

一、实验目的

1. 熟悉 X 射线衍射谱的原理和特点。

2. 掌握 X 射线衍射的样品制备方法和测试技术，学会利用 X 射线衍射谱图进行简单的物相定性分析。

3. 了解 X 射线衍射仪的基本结构和工作原理。

二、实验原理

X 射线是波长为 0.001～10 nm 的电磁波，晶体中原子间的距离也位于这一长度范围，因此是研究晶体结构的重要手段。真空条件下，电子在高压电场中加速后轰击金属靶面，将金属原子中的内层电子撞出，外层电子跃迁回内层填补空穴的同时释放出 X 射线，分为连续 X 射线和特征 X 射线。X 射线与物质相互作用时可以发生散射、吸收或者透过物质沿原来的方向传播。而当用一束单色 X 射线照射晶体时，由于晶体内部结构的基本单元在三维空间呈周期性重复排列，组成一定形式的晶格，入射的 X 射线可以被晶体中的每一个格点散射，各个散射波在空间发生相干叠加，在某些特殊方向上产生最大强度的光束，此为 X 射线的衍射线。

X 射线衍射的产生需要满足布拉格方程：$2d\sin\theta = n\lambda$，$n = 1, 2, 4 \cdots$

其中 d 代表晶面间距，晶体可以看成由一系列具有相同晶面指数的平面平行排布而成，不同晶面具有不同的晶面间距。不同晶体的质点种类、晶胞大小、对称性的差异，导致存在一系列特定的 d 值。对于某一晶面间距确定为 d 的晶面列，X 射线入射光波长为 λ 时，总存在一衍射角 θ 与之对应，从而满足布拉格方程，产生 X 射线衍射线。

X 射线衍射物相分析基于每种晶体的结构与其 X 射线衍射图之间存在着一一对应的

关系。任何结晶物质都具有自己唯一的化学组成和晶体结构，晶体结构中的晶胞参数决定了衍射方向，而晶胞中原子的种类、数目和排列方式又决定了衍射强度，因此产生了一组具有自己特征的衍射图样。图 8-1 就是典型的立方相 $BaCO_3$ 的 X 射线衍射谱图，其横坐标是衍射峰的 2θ 位置，纵坐标是衍射峰的强度。而在多相共存体系中，衍射谱图是由各个独立存在、互不相干的单相物质的 X 射线衍射谱图简单叠加而成的。基于此，将实验测得晶体样品的 X 射线特征衍射线的角度位置、相对强度及数量与 X 射线衍射标准图谱数据库中已知物质的 X 射线衍射图对比，就可以分析鉴定样品的物相组成、结晶情况、晶相、晶体结构及成键状态等，还可以确定各种晶态组分的结构和含量。

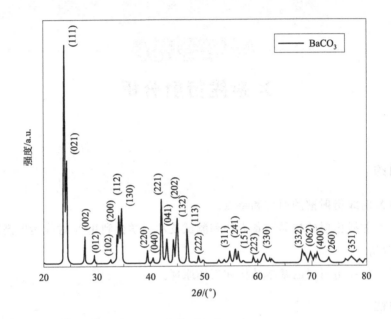

图 8-1　立方相 $BaCO_3$ 的 X 射线衍射谱图

　　X 射线衍射技术可以直接进行结晶样品的物相定性和定量分析，并确定物相的化合物形式，精确、稳定，所需样品量少，并不限制晶粒的尺寸，已经成为最基本、最重要的一种结构测试方法，为研究材料结构与性能关系提供有效信息，广泛应用在材料化学、生命科学、环境科学和地质学等众多领域。同步辐射光源和自由电子激光器等新仪器的出现，进一步促进了 X 射线衍射研究技术的发展，并扩展了其应用领域。

　　X 射线衍射仪主要由 X 射线发生器、衍射测角仪、辐射探测器、测量电路和电子计算机控制处理系统构成。其工作原理见图 8-2。X 射线发生器发射的 X 射线照射到样品上，产生衍射现象，用辐射探测器接收衍射线的光信号，经测量电路放大处理后，最终在计算机系统中显示衍射线的位置、形状和强度等衍射数据。

　　X 射线发生器：提供足够强度的、稳定的 X 射线。通过改变 X 射线管阳极的金属靶材来调控 X 射线的波长，调节阳极电压来控制 X 射线源的强度。铬、铁、钴、铜、钼等金属靶材常用于物相和结构分析。为了获得清晰的衍射图，必须使样品的背景的荧光干扰最小化，这一部分来源于靶材的特征 X 射线激发产生的荧光辐射。可以选择比样品高一个原子序数或与样品中的主要元素相同的目标靶材，此时 X 射线的波长远离样品中主要成分的 K 系吸收限，大大降低了强吸收和产生荧光的可能。同时，靶材的特征 X 射线的波长也决定了 X 射线衍射所能测定的 d 值范围（0.1~1 nm）。因此，需要根据实际情况选择合适的靶材，表 8-1 是常用靶材的适用范围和特征 X 射线。

表 8-1　常用靶材的适用范围和特征 X 射线

靶材	原子序数	适用范围	Kα/Å	Kβ/Å
Cu	29	一般无机物,有机物(除黑色金属)	1.5418	1.3922
Co	27	黑色金属样品,强度高,信噪比低	1.7902	1.6207
Fe	26	黑色金属样品,靶材的允许负荷小	1.9373	1.7565
Cr	24	黑色金属样品,强度低,信噪比高	2.2909	2.0848
Mo	42	钢铁样品	0.7107	0.6323

衍射测角仪：根据布拉格方程，当波长一定时，只有在某些特殊的入射角度下，才能得到衍射图像。因此衍射测角仪是 X 射线衍射仪的核心部位，通过 θ-2θ 的联动模式，即固定 X 射线发生器不动，将样品台旋转 θ，同时探测器旋转 2θ，不断扫描直到最终能产生对应的衍射线。

辐射探测器：接收样品衍射线，将光信号转变为瞬时脉冲的电信号。输出电流和探测器吸收的能量成正比，因此可以用来测量衍射强度。

测量电路和电子计算机控制处理系统：仪器运行和扫描操作，采集数据以及数据分析处理。

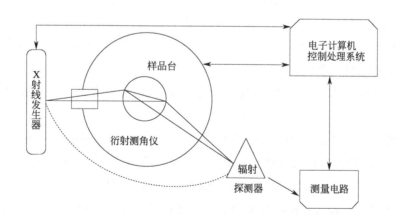

图 8-2　X 射线衍射仪的工作原理示意图

三、实验仪器和材料

1. 实验仪器

玛瑙研钵，德国布鲁克 D8 ADVANCE 型 X 射线衍射仪。

2. 实验材料

NaCl 和 ZnO 晶体。

四、实验步骤

① 制样。X 射线衍射仪的测试对象很广，样品可以是粉末、块状、薄膜状、纤维状等，分别有其相应的制备方法。

粉末样品：要求晶粒粒径小于 50 μm，在空气中稳定不吸水，可用玛瑙研钵慢慢研磨，直到用拇指和中指捏少量的粉末，相互揉搓时没有颗粒感为止。然后将研磨好的粉晶填入铝质样品板的凹槽内，再用平整光滑的玻璃板压实，将槽外多余的粉末刮去，保证样品面与玻璃表面齐平。本次实验采用的是粉末法，分别按照上述操作要点制备 NaCl 和 ZnO 粉末样品。

块状样品需要将样品表面研磨抛光，无应力和择优取向，打磨成一个面积小于 1.8cm× 1.8cm，厚度小于 10 mm 的平面，再黏附到中空样品架上，保证样品表面和样品架表面齐平。

薄膜状样品裁剪成合适的尺寸后，用透明胶带将其粘贴在玻璃样品架上即可。

② 依次打开循环冷凝水电源开关、X 射线衍射仪电源空气开关和衍射仪稳压电源开关，保证冷却水流通，控制水温在 20～24℃ 范围之内。将准备好的 NaCl 样品轻放在样品台上，轻轻推样品架使样品台卡入到位，关闭仪器门，然后将拉杆轻推到位以关闭门锁。等待 10min 后，打开计算机 X 射线衍射仪应用软件，设置实验参数：Cu 靶；扫描范围为 20°～80°；扫描速率为 8°·min^{-1}；电压为 40kV；电流为 250 mA。点击 "Start" 按钮，开启 X 射线管高压，待面板中 "X-rays on" 指示灯变绿，再点击 "Data collection" 按钮，开始对样品进行扫描并采集数据。

③ 点击 "Stop" 按钮，结束扫描，保存数据。重复步骤②，扫描测试 ZnO 粉末样品。

④ 实验结束后，关闭 X 射线衍射仪应用软件，取出样品，将电流缓慢降至 5mA，电压降至 20kV 后，关闭 X 射线管高压，继续等待 30min 后，等 X 射线管完全冷却后，关闭循环冷凝水电源开关、衍射仪稳压电源开关和 X 射线衍射仪电源空气开关。

⑤ 数据处理。处理计算机中的原始数据，通过平滑处理、扣除背景和自动寻峰等操作分别得到 NaCl 和 ZnO 样品衍射图中各峰的相对强度（峰高）和峰位衍射角（2θ），并计算出相应的晶面间距 d，与数据库中的标准衍射图比对，鉴定样品的物相，判断晶体结构，并进行简单的误差分析。

五、思考题

1. X 射线是如何产生的？发生 X 射线衍射需满足什么条件？

2. X 射线衍射仪的适用对象是什么？其物相分析的依据是什么？

3. 粉末状样品制备的过程中应注意什么问题？

实验三十二

拉曼光谱分析不同类型碳材料

一、实验目的

1. 熟悉拉曼散射光谱的原理和特点。

2. 掌握激光共聚焦显微拉曼光谱仪的测试技术，学会利用拉曼光谱分析鉴定不同类型的碳材料。

3. 了解激光共聚焦显微拉曼光谱仪的工作原理和基本构造。

二、实验原理

当一束光照射到物质上时，由于光量子与物质分子发生碰撞，其部分改变方向发生散射。散射光中包含与入射光频率相同的弹性散射（瑞利散射），还有比入射光波长更长或更短的散射光，这是由于光量子与物质内分子或原子发生了非弹性碰撞的能量交换，这一部分散射光即为拉曼散射。拉曼散射示意图见图 8-3。1928 年，印度的物理科学家 C. V. Raman 首先观察到这一现象，并以他本人的名字命名，因此于 1930 年获得了诺贝尔物理学奖。拉曼效应就是光波在被分子或凝聚态物质散射后频率发生变化的现象，其本质原因是分子极化率的改变。在拉曼散射中，频率小于入射光频率的散射光称为斯托克斯线，而频率大于入射光频率的散射光则被称为反斯托克斯线。一般情况下，反斯托克斯线的强度小于斯托克斯线的强度。这两种散射光的波长独立于入射光的波长，可以通过任意频率的入射光激发物质分子来获得。

拉曼光谱分析法是分析与入射光频率不同的散射光谱从而得到分子振动、转动方面信息，并应用于分子结构研究的一种分析方法。拉曼光谱图的横坐标是拉曼位移，纵坐标是相应的散射光强度，拉曼位移等于入射光与散射光的频率差，它取决于散射分子本身的结构，与入射光的频率无关，对应于一种特定的分子键振动（单一的化学键或基团）。与红外吸收光谱类似，拉曼散射光谱也反映了样品分子振动或转动能级和光子能量叠加的变化。不同分子的化学键或官能团存在特征的分子振动，包括单一的化学键或数个化学键组成的基团的振动，从而具有相应的特征拉曼位移，这为拉曼光谱定性分析分子结构提供了依据。不同于红外吸收光谱，拉曼散射光谱的入射光和散射光一般位于可见光区，因此二者可以相互补充，都是研究分子结构的有效手段。

拉曼散射光的强度很低，一般只有入射光强度的 10^{-6}，很难被仪器捕获和收集到，

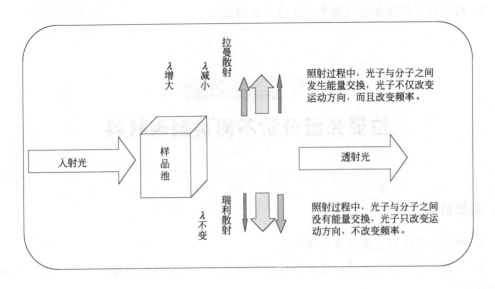

图 8-3　拉曼散射示意图

这也是它早期发展缓慢的原因。直到 20 世纪 60 年代，激光的问世大大推动了拉曼光谱学的发展。由于激光具有高单色性、高方向性和高强度的优点，很适合作为拉曼光谱的激发光源。随着微弱信号检测技术和实验技术的不断涌现，拉曼光谱分析技术已广泛应用于物质的鉴定和分子结构的研究，可以提供样品化学结构、相和形态、结晶度以及分子相互作用的详细信息，并且具有操作简单、高分辨、可重复性好且对样品无损伤的优点，在化学、高分子、制药及医学、食品和农牧等相关领域发挥着重要的作用。

　　碳是一种常见而广泛的元素，是地球上所有生命有机体的骨架元素，也是构成人体的最重要元素。碳材料的历史非常悠久，伴随着人类文明走过了几千年的历程。碳的常见同素异形体包括石墨、金刚石、碳纳米管、富勒烯和石墨烯（图 8-4），后两者的发现分别获得了 1996 年诺贝尔化学奖和 2010 年诺贝尔物理学奖。由于分子内碳-碳共价键杂化方式的不同，它们的性质也发生了翻天覆地的变化，呈现出多元性：从最软的石墨到最硬的石墨烯，从全透光的石墨烯到全吸光的石墨，从不良导热体炭黑到优良的导热体碳纳米管，从绝缘体金刚石到导电体石墨等。

　　石墨和金刚石作为常见的宏观碳材料，人们对其已经有了透彻的认识和了解。碳材料的新结构形式如富勒烯、碳纳米管和石墨烯的不断发现，激发了纳米技术领域的大量研究工作和成果。2004 年，英国曼彻斯特大学的安德烈·盖姆和康斯坦丁·诺沃肖洛夫使用胶带剥离技术逐层剥离石墨，最终获得了单层 sp^2 杂化石墨烯，推翻了"由于热力学不稳定，理想的二维晶体材料在室温下不存在"这一预测。石墨烯由于其优异的物理和化学性质，如超高电导率、热导率和透光率，巨大的理论比表面积，极高的杨氏模量和拉伸强度等，在科学界掀起了巨大的波澜。近年来，它已成为微纳米电子器件、光电检测和转换材料及储能，以及复合增强结构和功能材料等领域的研究热点。

　　碳的同素异形体的结构差异在于碳原子的相对位置以及相邻原子间的成键方式。单层

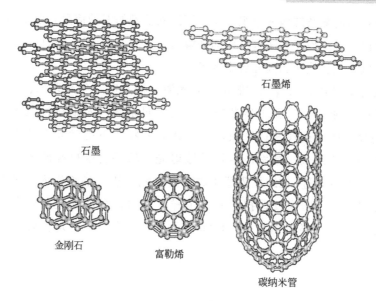

图 8-4　碳的常见同素异形体

石墨烯的厚度仅为 0.34 nm，将其层层堆叠起来，一般认为十层以内仍属于石墨烯，超过十层则为石墨，因此确定其层数以及石墨化程度是至关重要的。样品拉曼光谱的频率、强度、峰位和半峰宽可提供有关石墨烯材料的层数、缺陷和晶体结构等信息。图 8-5 就是典型的石墨和石墨烯的拉曼光谱图。石墨和单层石墨烯的拉曼光谱差异不大，它们都具有两个特征性的主峰，即 1582 cm^{-1} 附近的 G 峰和 2700 cm^{-1} 附近的 2D 峰，G 峰是由石墨或石墨烯中 sp^2 杂化 C 原子的面内振动产生的，但是单层石墨烯的峰形非常尖锐。而实际制备的石墨烯样品中常存在结构缺陷或边缘，因此在 1350 cm^{-1} 附近和 1620 cm^{-1} 附近还会分别出现一个 D 峰和 D′峰，即可通过这两个峰的存在来判断石墨烯样品是否存在缺陷。一般利用 D 峰和 G 峰的强度比值来反映石墨烯的缺陷程度，其值越大，表明缺陷密度越高。2D 峰的产生与缺陷无关，是双声子共振拉曼峰，拉曼位移约为 D 峰的 2 倍。随着层数的增加，2D 峰会向高波数移动，峰的对称性也会变差，半峰宽增加，可以通过多个重叠的峰来拟合，从而有效区分石墨烯的层数。

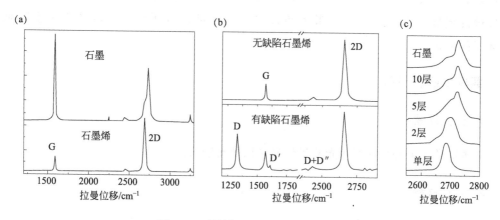

图 8-5　石墨烯和石墨的拉曼光谱图

无论是碳材料的复杂结构和组织，还是不同共价键的振动信息，以及键角和键能的细微变化，都可以通过拉曼光谱法进行检测和解析。因此，拉曼光谱法已经成为表征碳材料的最常用的非破坏性、快速和高分辨率技术之一。

激光共聚焦显微拉曼光谱仪一般由激光光源、样品室、分光系统、光电检测器和数据处理系统组成（图8-6）。利用显微镜的亮场照明系统，人眼在目镜的焦平面上观察到待测样品的放大像后选择测试区域，然后在同一物镜下把激光引入扩束器，经显微物镜会聚到样品待测部位，激发产生拉曼散射光，然后会聚拉曼散射光，由狭缝送至分光计，分光成像后通过 CCD 检测器接收信号在线分析，最终送入数据处理系统。它通过显微镜技术和实时图像反馈技术实现了样品光谱信息的快速收集和特征分布的微观分析，可逐点逐行逐层扫描样品，操作简单，分辨率高，稳定性好，适用于液体和固体样品。

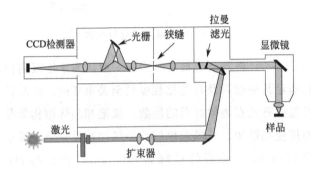

图 8-6　激光共聚焦显微拉曼光谱仪的结构示意图

激光光源配备有 532nm 的 Nd-YAG 激光器、633nm 的 He-Ne 气体激光器和 780nm 的半导体稳频单纵模激光器。可根据所需样品选择合适波长的激光器，利用 Edge 瑞利滤光片和干涉滤光片分别消除瑞利散射和等离子线的干扰。同时，可以调节激光的光斑大小和输出功率，以防止过高的能量损坏样品。样品测量时需用物理挡板遮盖，避免暴露于外部辐射源。不透明的固体样品可以直接测试，液体可滴加在玻璃片或硅片上直接测试，黑色和含水样品也可进行测试，测试条件不受高低温及高压的限制。

三、实验仪器和材料

1. 实验仪器

美国赛默飞 DXR2xi 型激光共聚焦显微拉曼光谱仪。

2. 实验材料

富勒烯和碳纳米管粉末。

四、实验步骤

① 制样。富勒烯和碳纳米管皆为不透明深色粉末，直接取适量放置在透明玻璃片上即可。

② 依次打开稳压电源、样品台驱动、显微镜照明、激光显微拉曼光谱仪主机（"power"蓝色灯亮），计算机以及显示器电源。

③ 运行计算机的"OMNIC"软件，等待仪器自检，直到系统状态变成绿色。本次实验选用 532nm 的 Nd-YAG 激光器，在光学台下打开激光，预热结束后激光灯按钮变亮。在 10 倍物镜下观察黄色小光斑，移动光学台，分别在 x 轴和 y 轴方向上调控，直到黄色小光斑位于十字交叉中心处。

④ 移动降下光学台，放置样品玻璃片，在 50 倍物镜下观察样品，微调聚焦至图像清晰，然后选择测试区域，设置波长扫描范围为 $100\sim4000\mathrm{cm}^{-1}$，开始采集样品数据。依次测试富勒烯和碳纳米管样品，保存数据。

⑤ 实验结束后，取出样品，先在光学台下关闭激光，再依次关闭显微镜照明、样品台驱动和激光显微拉曼光谱仪主机，关闭"OMNIC"软件后，关闭计算机及显示器电源，主机风扇降温 30min 后，再关闭稳压电源。

⑥ 数据处理。处理计算机中的原始数据，通过平滑处理、扣除背景和自动标峰等操作分别得到富勒烯和碳纳米管拉曼光谱图中拉曼位移的峰位、半峰宽和相对强度（峰高）。通过查阅文献，确定特征频率所对应的分子振动模式，分析样品的结构和组成。

五、思考题

1. 拉曼效应产生的原理和特点是什么？
2. 试比较拉曼散射光谱和红外吸收光谱有何异同。
3. 碳的常见同素异形体有哪些？它们各自的特征拉曼位移分别是多少？

实验三十三

X 射线光电子能谱测试

一、实验目的

1. 熟悉 X 射线光电子能谱的原理和特点。
2. 掌握 X 射线光电子能谱的样品制备方法和测试技术，学会利用 X 射线光电子能谱进行固体样品表面元素定性、半定量和化学价态的简单分析。

3. 了解 X 射线光电子能谱仪的基本结构和工作原理。

二、实验原理

当样品受到一定能量的 X 射线辐射时，样品表面原子内不同能级的电子（包括外层轨道的价电子和内层轨道电子）会脱离原子而被激发成自由光电子，原子则变成一个激发态的离子。这些光电子的能量仅与入射光的频率及原子轨道结合能有关，带有样品表面的特征信息。X 射线光电子能谱（X-ray photoelectron spectroscopy，XPS）就是研究这些光电子能量分布的一种方法。尽管 X 射线可以非常深地穿透样品，但只有从样品表面附近的薄层（10nm 以内）激发出的光电子才能逸出被检测到，因此 XPS 是一项重要的表面分析方法。XPS 可以确定样品表面 10nm 厚度内的元素种类（除氢和氦）、元素的相对含量和元素的化学环境（价态等），为微型材料、超薄材料、薄膜材料和材料的表面物理和化学相互作用提供重要信息，在材料科学、物理学、化学、半导体以及环境等领域有着重要的应用价值。

定性分析：基于欧内斯特·卢瑟福的工作，当 X 射线照射到物体上，释放出光电子，逸出光电子的动能 E_k 与入射 X 射线的能量 $h\nu$ 满足以下方程：

$$E_B = h\nu - (E_k + \phi)$$

式中，E_B 为特定原子轨道上的结合能；ϕ 是能谱仪的功函数（约为 4eV），与材料无关。不同的原子轨道有其特征的结合能，由它与原子核之间的库仑作用力和其他电子的屏蔽效应共同决定。对于固定的 X 射线源，逸出光电子的动能仅取决于元素的种类和其特定的原子轨道。因此，通过测量逸出光电子的动能 E_k，就可以得到电子的结合能 E_B，从而定性分析物质的元素种类。以逸出光电子的动能 E_k 或结合能 E_B 为横坐标，相对强度为纵坐标，即可得到 XPS 谱图。

在光电子能谱中，由于不同的化学环境，同一种原子的内层电子结合能略有不同，一般差值为 $1\sim10eV$。化学键的形成过程中涉及电子转移，原子中电子的密度分布也会相应变化，进而影响到电子的结合能。例如，某元素得到电子成为负离子，更多的电子会增强屏蔽效应，从而降低电子的结合能，反之，若失去电子被氧化，其结合能将增加。同一种原子由于化学环境的不同导致结合能的差值称为 XPS 的化学位移，可以利用化学位移值来判断该原子失去的电子数目，从而分析元素的化合价和存在形式。

图 8-7 就是 Ag 纳米颗粒嵌入碳纳米管样品的 XPS 谱图，可以用来确认其化学状态和组成。图 8-7(a) 是宽能量范围内（$0\sim1200eV$）的全谱图，C 1s、Ag 3d 和 O 1s 特征峰的存在证明了样品中含有碳、银和氧元素。图 8-7(b) 中存在两个明显的特征峰，分别位于 368.2eV 和 374.2eV，与金属 Ag $3d_{5/2}$ 和 Ag $3d_{3/2}$ 的结合能一一对应，这一结果说明了样品中仅存在银单质而没有其他化学状态的银化合物。图 8-7(c) 则是 C 1s 的高分辨 XPS 谱图，位于 284.4eV、285.6eV 和 286.7eV 的三个特征峰分别归属于 C—C、C—O 和 C＝O，揭示了碳纳米管中碳原子所处的不同化学状态。

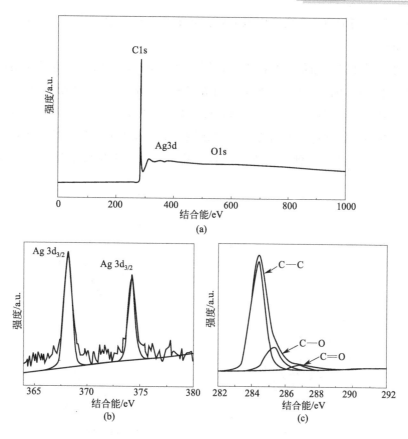

图 8-7　Ag 纳米颗粒嵌入碳纳米管的 XPS 谱图

（a）全谱图；（b）Ag 3d XPS 谱图；（c）C 1s XPS 谱图

定量分析：由于从样品表面受激逸出的光电子的强度 I（光电子谱线的峰面积）和样品中该原子的含量 C 成正比。但是实际分析时，光电子的平均自由程、样品的表面光洁程度、元素的化学状态、X 光源强度以及仪器的状态等都会影响光电子的强度，因此，XPS 通常无法给出所分析元素的绝对含量，仅能提供各种元素的相对含量，是一种半定量分析技术。

其计算过程如下：

$I = nS$，S 代表灵敏度因子，可查阅经验标准常数表，用时需校正。

某一样品中，含有 A 和 B 两种元素，查阅得到它们的灵敏度因子分别是 S_A 和 S_B，测量并得到其对应的光电子谱线的峰面积为 I_A 和 I_B，则：

$$C_A/C_B = (I_A/S_A)/(I_B/S_B)$$

即可求得两种元素的相对含量。

XPS 是一种超高灵敏度痕量表面分析技术，样品所需量非常低且无损，相互干扰少，元素定性的标识性强，准确度高，但需注意其提供的仅是样品表面的元素信息，不能分析其体相成分。XPS 已经成为光谱学研究中最活跃的分支之一，研究领域也不再局限于传统的分析化学，是人们认识材料表界面处的物理和化学相互作用的有力工具，有助于解决新材料研发、机械与冶金、微电子领域和能源环境相关的问题，从而促进相关科学技术和工业生产的进步。

X射线光电子能谱仪通常由超高真空系统、进样室、X射线源、电子收集透镜、电子能量分析器、电子探测器和计算机数据处理系统构成（图8-8）。在超高真空下，由X射线源发出的具有一定能量的X射线入射到样品表面，激发样品表面原子中不同能级的电子，产生自由光电子，光电子经过电子收集透镜、电子能量分析器后被探测器接收，电子探测器将光电子所携带的信息转换成电信号，最后通过计算机数据处理系统获得光电子能谱。

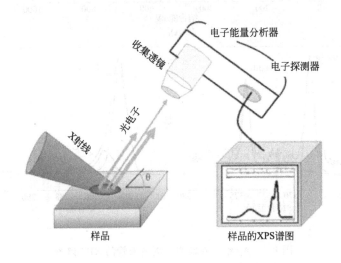

图 8-8　X射线光电子能谱仪的基本构造示意图

由于XPS是一种表面分析技术，样品表面的污染或吸附物的存在会极大地影响其定量分析的可靠性，因此需要高度清洁样品表面。通常，使用固定的氩离子源清洁样品表面，并要避免二次污染。同时，光电子的信号和能量很微弱，需要防止光电子与真空中的残留气体分子碰撞而损失能量，从而导致光电子无法到达检测器，因此需要超高真空系统，真空度可达到 3×10^{-8} Pa。它可以与样品室配合，实现快速传递和放置样品，而不会破坏分析室的超高真空。X射线源一般有 Mg/Al 双阳极非单色化 X射线源和微聚焦单色化 Al Kα-Ag Lα X射线源，根据具体测试条件选用合适的靶材。XPS可以直接测定样品表面电子能级分布和结构，获得周期表中除 H、He 以外的所有元素的种类、化学价态以及相对含量信息。

三、实验仪器与材料

1. 实验仪器

美国赛默飞 ESCALAB Xi$^+$ 型 X射线光电子能谱仪。

2. 实验材料

实验室自制 SiO_2 粉末。

四、实验步骤

1. 制样和进样。X 射线光电子能谱仪通常适用于非磁性固体样品，若是气体样品，可采用差分抽气的方法把气体引进样品室后进行测定。本次实验测试的是 SiO_2 粉末，用药勺将样品均匀覆盖于双面胶表面，然后放置于压片模具的中央进行压片（厚度小于 2mm，面积大小为 5mm×8mm），再在样品台表面粘贴适宜大小的绝缘双面胶，将所得压片固定在绝缘双面胶上。

2. 进样。无特殊情况时，为了维持系统的超高真空状态，仪器一直是开机状态。使用进样杆将样品快速推入进样室，待真空度达到 $5×10^{-5}Pa$ 时，打开阀门，连通进样室与分析室，将样品送至分析室内的样品架上，关闭阀门，待真空度优于 $2×10^{-6}$ Pa 后开始后续操作。

3. 运行计算机上的"Avantage"软件，选用 Al Kα X 射线源（能量为 1486.6eV），手动操作调节样品位置，使其正对 X 射线源。设置电流和电压参数分别为 16mA 和 12kV，启动 X 枪光源。

4. 首先采集样品的宽谱，扫描的能量范围为 0~1200eV，扫描时间为 2min，然后点击"Survey ID automatically"，将获得的全部数据进行自动寻峰处理，看样品表面存在哪些元素；再进行高分辨窄谱图采集，根据全谱所寻的峰，添加所有待测元素，扫描的能量范围依据各元素而定，采集时间为 5~10min。保存数据。

5. 实验结束，关闭 X 枪光源，取出样品，并恢复分析室的真空度。

6. 数据处理。分析本次实验测试 SiO_2 粉末的组成、相对含量信息和化学价态：

① 处理计算机中的原始数据，首先选中所有谱图，点击"Charge Shift"，根据 C—C 峰位 284.6eV 对全谱进行荷电校正，自动标注每个峰的结合能位置来进行元素的鉴别。

② 扣除背底后，选择每种元素光电子谱线的面积计算区域，通过定量分析程序由计算机自动计算出各种元素的相对原子分数，得到样品成分的相对含量。

③ 在获得的各种元素的高分辨窄谱图上，自动标识结合能数据，与标准数据库进行比对，判断这些元素的化学价态。

五、思考题

1. X 射线光电子能谱分析方法的适用范围是什么？为什么？

2. X 射线光电子能谱分析方法为什么是一种半定量的分析手段？

3. X 射线光电子能谱仪测试工作时为什么需要超高真空？

透射电子显微镜-能谱仪联用

一、实验目的

1. 了解透射电子显微镜及能谱仪的基本结构、工作原理和特点。

2. 熟悉透射电子显微镜的样品制备方法和测试技术，学会利用透射电子显微镜观察样品粒子的微观形貌和结构，并联用能谱仪分析材料的元素组成。

二、实验原理

透射电子显微镜（transmission electron microscope，TEM）简称透射电镜，是利用经加速和聚集的高能电子束穿透非常薄的样品，电子与样品中的原子碰撞后会发生散射、干涉和衍射等作用，透过样品后的电子束携带有样品内部的结构信息，与样品的密度、厚度和结构等相关，将透射电子聚焦放大成像后可转变为明暗不同的影像或电子衍射花样，可以获取样品显微组织的形貌或晶体学结构。

TEM 的成像原理类似于光学显微镜，其差别在于前者的光源是高能电子束，而后者则是利用可见光。理论上，光学显微镜所能达到的最大分辨率正比于光源的波长。由于高能电子束的德布罗意波长非常短，比可见光的波长小得多，所以 TEM 分辨率高达 0.1nm，放大倍数可达百万倍。它常用于纳米尺度上研究物质的内部的相组成和分布，实现材料微观结构内的元素分布扫描和定性分析，已广泛应用于催化剂、半导体、金属、陶瓷、高分子等材料以及物理、生物等领域，是科学研究中不可或缺的重要分析工具。

如图 8-9 所示，根据收集成像电子的种类，TEM 的工作模式可以分为两种：

① 成像操作：也是所谓的"明场像"，是 TEM 最常见的操作模式，成像电子是透射电子。当电子束透过样品后，透射电子带有样品微区结构及形貌信息，成像效果与样品的厚度或密度有关。样品越厚或密度越大的区域，电子束穿透时碰到的原子数量越多，与原子核的排斥作用越强，透过电子的数目就越少，从而参与成像的电子强度越低，成像后在显示屏上越暗；反之，样品越薄或密度越小的区域，透过的电子数目越多，成像时显示屏越亮。这种由于样品各部分密度与厚度不同而导致显微像上的明暗差别被称为"质厚衬度"。这种模式适用于观察获取样品的形貌、尺寸、均一性等信息，是平面投影图像，没有立体感，但直观性和可靠性强。如图 8-10 中 C_{60} 量子点，该纳米粒子为准球形颗粒，尺寸大小只有几纳米，分散性较好，比较均一。

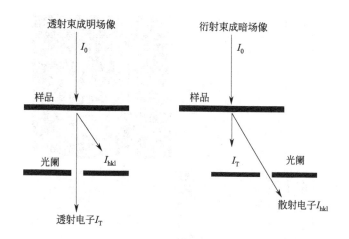

图 8-9 明场像和暗场像成像示意图

② 电子衍射操作：也是所谓的"暗场像"，成像电子是散射电子（运动方向偏离原来入射方向的电子，能量不变），通过在物镜的背焦面上插入物镜光阑来实现。样品越厚或密度越大的区域，散射越强，获得的散射（衍射）电子越多，所以越亮；反之样品越薄或密度越小的区域，因为电子散射很少，所以越暗。因此，在暗场模式下，样品处较亮，其他没有样品的视野范围内相对较暗。这种因为衍射强度不同，而导致的明暗不同称为"衍射衬度"。但对于晶体样品而言，由于入射电子波长极短，电子束射入样品时会发生布拉格衍射，该区域最亮，最终可以得到其特征的夫琅禾费衍射花样。这种模式适用于观察晶体样品的结构，研究晶型、晶界、晶格缺陷和取向关系等。

电子衍射斑点与晶体点阵有一定的对应关系，但不是晶体某晶面上原子排列的直观影像，而是晶体倒易点阵中某一截面在观察屏上的投影。其中倒易点阵是为了简化晶体学关系而设想的一种空间点阵，这一部分内容可查阅晶体学相关书籍。对于晶体样品，由于其内部质点在三维空间内有规律、周期性地排布，不同质点在某些方向上的散射光满足布拉格方程时（波的相位差为 2π 的整数倍），会发生加强干涉，即为衍射，会在物镜后焦面上形成一个衍射斑。对于多晶样品，它是不同取向的多个单晶的集合体，由于每一个单晶都有自己的衍射斑点，具有相同晶面指数的衍射波会以入射电子方向为中心线的圆锥上产生一系列的衍射环。一般而言，如图 8-10 所示，单晶体的衍射花样是规则排列的衍射斑点，多晶体是半径不等的同心圆衍射环状花样，无定形样品（准晶、非晶）则为中间亮斑由内到外越来越暗的弥散环或者无衍射谱。

现在的透射电子显微镜还会配有能量色散 X 射线谱（energy-dispersive X-ray spectroscopy，EDX，简称能谱仪）附件，同主机共用一套光学系统，用来分析材料微区成分的元素种类与含量。在电子显微镜中，当高能电子束入射到样品，发生相互作用，还可以激发出物质的特征 X 射线，每种元素都具有自己的 X 射线特征波长，其与入射光的能量无关，仅取决于原子内外能级跃迁过程中释放出的特征能量。能谱仪就是通过检测样品的

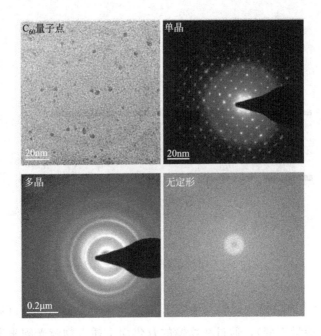

图 8-10　典型的 TEM 图

X 射线光子的特征能量来确定其对应的元素，并通过比较不同元素的谱线强度来分析其含量，具有分析速度快、效率高、稳定性好和重复性好的优点。

　　它可以选取材料中的特定区域进行化学成分的点分析、线分析和面分析。当电子束只打到样品的某一点上，得到该点的 X 射线谱特征能量，称为点分析方法。定点元素分析是能谱仪进行定性和定量分析的基础和前提。而线分析和面分析则可以获得样品某一区域的不同成分分布状态，是对已知元素所做的分析。线扫描分析是在选定的直线轨迹上固定接收某一元素的特征 X 射线并记录其强度变化，改变接收特征 X 光子的信号就可以得到另一元素的含量信息。若在 TEM 图像上叠加显示扫描轨迹和元素含量分布曲线，可以直观地显示样品组织形貌和元素含量分布的关系。面分析则是电子束在样品上进行二维扫描，接收其中某一元素的特征 X 射线信号，获得该元素在整个图像上的含量分布状态，元素含量较高的区域比较亮，而元素含量较低的区域则比较暗。

　　图 8-11 是一个 TEM 和 EDX 联用来表征掺杂 C_{60} 的 CdS/TiO$_2$ 介孔结构的实例。图 8-11（a）中大范围的有序结构证明了 CdS/TiO$_2$ 是纳米晶复合材料，在掺杂 C_{60} 后［图 8-11（b）］，除了轻微扭曲外，大范围的有序结构还是依然存在的，图 8-11（c）的高分辨 TEM 图可以看到 CdS 和 TiO$_2$ 清晰的晶格条纹和晶面间距，可以确定其相应的晶面指数和晶型，而该区域的 EDX 分析也证实了介孔中 C、O、S、Cd 和 Ti 元素的存在。

　　透射电子显微镜是以波长极短的电子束作为光源，电子束经由聚光镜系统的电磁透镜聚焦成一束近似平行的光线后穿透样品，再经成像系统的电磁透镜进行行综合放大成像，

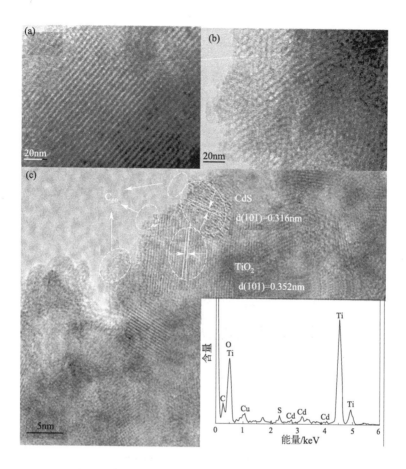

图 8-11　(a) CdS/TiO$_2$ 介孔结构的 TEM 图；(b) 掺杂 C$_{60}$ 的 CdS/TiO$_2$ 介孔结构的
TEM 图；(c) 掺杂 C$_{60}$ 的 CdS/TiO$_2$ 介孔结构的高分辨 TEM 和 EDX 图

　　最终投射到主镜筒最下方的荧光屏上而形成所观察的图像，可用于材料微区的组织形貌观察、晶体结构测定和晶体缺陷分析。TEM 一般由电子光学系统、真空系统、电源及控制系统三大部分组成，有些还包含附加的仪器和软件。其中光学系统是主体，包括电子源、照明系统、成像系统和观察记录系统等，其基本构造如图 8-12 所示。

　　电子源就是透射电镜的电子枪，其功能是产生高速电子，一般要求高单色性、发射稳定度和加速电压。最常用的加速电压为 50～100kV，能发射直径小于 100μm 的电子束斑。电子枪发射出的电子束有一定的发散角，照明系统则是利用磁透聚光镜将来自电子枪的电子束会聚（满足亮度高、相干性好）到被观察的样品上，并通过它来调控照明强度、照明孔径角和束斑大小。高性能透射电镜都采用双聚光镜系统，由第一聚光镜（强激磁透镜）和第二聚光镜（弱激磁透镜）组成。

　　TEM 成像系统由物镜、中间镜、投影镜、样品室以及其他电子光学部件构成。它的主要功能是，将来自样品并反映样品内部特征的、强度不同的透射电子在透镜后成像或成衍射花样，并经过物镜、中间镜和投影镜接力放大并投射到荧光屏上，最终转变为可见光

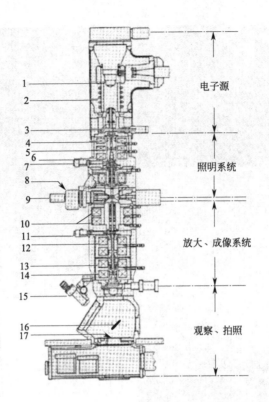

图 8-12　透射电子显微镜基本构造

1—电子枪；2—加速管；3—阳极室隔离阀；4—第一聚光镜；

5—第二聚光镜；6—聚光后处理装置；7—聚光镜光阑；8—测角台；

9—样品杆；10—物镜；11—选区光阑；12—中间镜；13—投影镜；

14—投影镜；15—光学显微镜；16—小荧光屏；17—大荧光屏

图像或电子衍射花样。其中物镜是透射电镜的核心，它决定了透射电镜的分辨率，第一次成像或衍射谱、物到像的转换以及放大的功能都由其完成，要求有尽可能大的放大倍数和尽可能小的相差。

真空系统是通过各级真空泵的协同作用来提供电镜正常工作时所需要的真空环境。电镜工作时真空度必须高达 $10^{-5}\,\mathrm{Pa}$，从而避免高能电子与镜筒中的残留气体分子碰撞产生电离放电和散射电子，否则会影响衬度和电子枪的寿命，以及污染样品和氧化灯丝。

电源及控制系统主要提供两部分电源：一是电子枪加速电子用的小电流高压电源；二是各透镜激磁用的大电流低压电源。目前先进的透射电镜多已采用自动控制系统，可以实现真空系统的自动控制，低真空到高真空的自动转换，真空和高压开关的联锁控制，以及用微机控制参数选择和镜筒合轴对中等。

透射电子显微镜中配备的能谱仪一般由检测系统、信号放大系统、数据处理系统和显示系统组成。利用半导体检测器对特征 X 射线的能量进行鉴别，然后将 X 射线光信号转换成电脉冲信号，脉冲高度与 X 射线光子的能量成正比，再经放大器放大电脉冲信号后送入多道脉冲高度分析器区分出不同能量的特征 X 射线，最后在荧光屏上显示谱线，使用数据处理系统进行定性和定量分析。

三、实验仪器和材料

1. 实验仪器

铜网，美国 FEI Tecnai G2 F20 S-TWIN 型透射电子显微镜和美国 EDAX 公司 X 射线能谱仪附件。

2. 实验材料

实验室自制 TiO_2 纳米粒子。

四、实验步骤

1. 制样

TEM 测试样品的厚度需非常薄（200nm 以内），并用专用的铜网支撑，不能检测磁性样品。对于普通的粉末样品，可适当研磨后，选择合适的分散剂并在超声处理后将其配制成胶体或悬浮液。使用滴管取适量，将其滴在铜网上；或使用镊子将铜网放入分散好的胶体溶液中，适当摇动，取出铜网，等待晾干进行测试。而对于块状材料，如较大块高分子、陶瓷和金属等，可通过切片、离子轰击减薄预处理至需要的厚度后，再进行测试。

本次实验测试的是自制 TiO_2 纳米粒子，取 10mg 分散到 5mL 乙醇中，超声处理 10min 后形成均匀分散的胶体；在干净桌面上放置一张滤纸，把铜网放置在滤纸中央，然后再用滴管取上述胶体样品，滴加到铜网上，晾干备用。

2. TEM 操作

① 检查仪器控制面板上的指示灯，确认空调、冷却水机、空气压缩机、不间断电源及其他相关设备仪表正常运行，主机镜筒内压小于 2×10^{-5} Pa，压力指示条都是绿色，高压指示值为 200kV。

② 将承载样品的铜网面朝上放入样品架中，插入样品杆，先预抽真空约 3min，预抽时间结束后，样品台红灯熄灭后方可进样。紧握样品杆末端，然后在真空抽吸的作用下将其缓慢滑入电子显微镜的底部。

③ 成像模式，先在低倍下观察样品的整体形貌，小心操控样品台，选择合适的区域和放大倍数，重新聚集，CCD 拍照，存储数据。

④ 衍射模式，使用选区光阑进入衍射模式，选择合适的区域，调节中间镜和聚光镜电流得到清晰的衍射花样，CCD 拍照，存储数据。

3. EDX 操作

开启计算机，确认计算机主机中部左侧指示灯颜色为绿色，点击桌面"DAX Genesis"程序，运行能谱分析程序；可以选择感兴趣的区域进行点扫描、面扫描、线扫描以及面分布，点击"Spectrum"进行峰标定和定量计算，分析完毕后保存数据；退出EDAX Genesis 程序后关闭计算机。

4. 关机操作

测试完毕后，关掉灯丝电流，将样品台归零，等样品台的红灯熄灭，拔出样品杆，关闭操作软件。

5. 数据处理

根据 TEM 所观察的样品成像图片和衍射谱图分析 TiO_2 纳米粒子的微观形貌、粒径大小、分散性和均一性，确定样品是单晶（测量晶面距）还是多晶，或是无定形；对能谱仪获得的能谱曲线进行样品的成分定性分析，确定其元素种类。

五、思考题

1. TEM 有哪些工作模式？适用范围分别是什么？
2. TEM 中"明场像"和"暗场像"分别是如何产生的？
3. EDX 和 XPS 有何异同？

第九章

材料合成及表征综合实验

纳米氧化锌的制备及形貌观察

一、实验目的

1. 了解纳米粒子的合成方法。
2. 掌握氧化锌纳米水热合成方法。
3. 了解纳米粒子形貌调控的基本方法。

二、实验原理

纳米材料即至少有一个维度处于纳米尺度范围之内（1～100nm）的材料，在科学技术领域受到广泛的关注。与块体材料不同，纳米材料的性质随其尺寸的变化，会发生显著的变化。比如通过调节量子点尺寸的大小，就能够实现不同波长光的发射。当前半导体纳米材料被广泛研究，其中氧化锌由于其独特的介电性能、光学性能以及结构特征一直是半导体纳米材料中的研究热点。氧化锌作为一种 II-VI 族半导体，它有着与氮化镓相类似的结构和性质。它还具有热稳定性、抗辐射性能好、生物兼容性好等优点，因此被认为是氮化镓理想的替代材料。作为一种重要的直接带隙功能半导体，氧化锌具有较大的禁带宽度（3.37eV）。在室温下，激子束缚能高达 60meV，这远高于氮化镓（25meV）以及硒化锌（22meV）。通过不同的合成方法以及合成条件，可以有效调控纳米氧化锌的形貌，如氧化锌量子点、氧化锌纳米线、氧化锌纳米管以及氧化锌纳米阵列等。通过调控纳米氧化锌的形貌，可以显著提高其物理化学性能，甚至表现出一些极为特殊的性质，如纳米氧化锌阵列在紫外光的照射下疏水性质的改变。

氧化锌具有三种晶格结构：①六方纤锌矿结构，具有空间群 P63mc；②立方闪锌矿结构，具有空间群 F4-3m；③四方岩盐矿结构，即 NaCl 型结构，其空间群为 Fm3m。常温常压下纤锌矿的结构为稳定相，因此，我们所说的氧化锌多指的是纤锌矿结构的氧化锌，晶格结构如图 9-1 所示。氧原子和锌原子各自按图中所示的密堆积方式排列，锌原子位于氧原子构成的四面体间隙，但只有一半的四面体间隙被其占据。氧原子的情况与锌原子相类似，因此晶格中二者的比例为 1∶1。晶格常数 $a=3.24$Å，$c=5.19$Å，锌氧键的键长为 1.94Å。氧化锌沿 c 轴方向具有较强的极性。

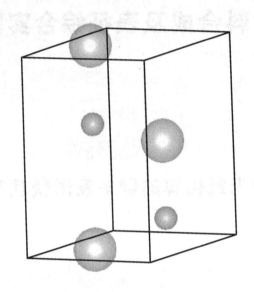

图 9-1　六方结构氧化锌

为了实现纳米氧化锌功能材料的制备，不仅需要对纳米粒子的粒径尺寸进行调节，更要能够有效控制纳米粒子的形貌。为此，人们采用了多种方法来制备纳米氧化锌，整体上可以将这些方法分为三大类：固相法、液相法和气相法。

固相法也称为固相化学反应法，它是将两种物质分别研磨，之后将两者混合，再进行充分研磨从而获得前驱物，最后前驱物经加热分解得到氧化锌纳米颗粒。固相法的优点在于不需要溶剂，产率高，反应条件简单且容易调控，但是反应过程中并不能保证反应完全，前驱物的残余问题难以避免。

液相法是在液相中合成的方法，又称湿化学法、溶液法等。该方法具有设备简单、原料成本较低、制备过程操作简便、产物尺寸小、纯度高、均匀性好的优点，但是反应后有些有机溶剂无法完全除去。常用来制备纳米氧化锌的液相法有溶胶-凝胶法、沉淀法、水热法以及微乳液法等。

溶胶-凝胶法是一种常用的液相合成方法。一般是以醋酸锌或硝酸锌为原料来制备纳米氧化锌颗粒。将原料溶解在有机溶剂当中，通过调控温度、pH 以及催化剂等条件，使溶液和溶剂发生水解或醇解反应形成溶胶。经过陈化，溶胶随着溶剂蒸发或缩聚反应的进行，其中胶体粒子不断长大，并逐渐网格化，溶胶转变为凝胶。将湿凝胶干燥得到干凝胶，此时其体积会发生显著收缩，对干凝胶进行煅烧得到纳米氧化锌材料。

沉淀法是在一定的反应条件下，在可溶性锌盐溶液中加入沉淀剂，形成不溶性氢氧化物、氧化物或无机盐类的沉淀。沉淀经分离、干燥和热处理之后，得到纳米氧化锌颗粒。常用的沉淀剂多为氨水、碳酸铵和草酸铵等。

水热法是在高温高压的反应釜环境中，以水作为反应介质，将常温常压下难溶或者不溶的物质溶解，来制备纳米颗粒的一种方法。对于氧化锌纳米颗粒的制备而言，通常是在反应釜中将可溶性锌盐与碱溶液反应生成氢氧化锌，同时，氢氧化锌在高温高压下脱水生成氧化锌。除此之外，也可以以醇为溶剂，制备形貌更为复杂的氧化锌纳米材料。本实验采用的是水热法来制备纳米氧化锌。

气相法是直接利用气体或将物质转变为气态，并在气态条件下使之发生物理或化学反应，最后在冷却过程中凝聚生长纳米颗粒。常用的氧化锌纳米气相合成方法有：化学气相氧化法、化学气相沉积法和气相冷凝法等。

化学气相氧化法是以氧气为氧源，以锌粉为原料，在高温条件下，以氮气作为载气进行氧化反应。该反应可制得粒径较小、分散性好的氧化锌纳米颗粒，产品纯度较低，在产品中有残余的锌粉。

化学气相沉积法是利用气态物质在气相或气-固界面上反应生成固态沉积物，来制备所需产物的一种方法。它分为以下三个步骤：①挥发物质的产生；②挥发物质转移至沉积区域；③挥发物质反应或在固体界面上进行反应得到产物。一般而言，多以氧化锌粉末或锌盐作为源物质，在高温条件下使其分解形成锌离子，借助输运气体将其输运到沉积区，并在此发生反应得到产物。该方法制备的粒子粒径均匀、大小可控且分散性好，但该方法成本高，产率低，因此难以实现工业化生产。

三、实验仪器和材料

1. 实验仪器

水热反应釜，电子天平，烘箱，抽滤机，量筒，磁力搅拌器，X射线衍射仪，紫外分光光度计，扫描电子显微镜。

2. 实验材料

六水硝酸锌，无水乙醇，二水醋酸锌。

四、实验步骤

① 分别称取 0.02mol 的六水硝酸锌，将其溶于 150mL 无水乙醇中，得到澄清透明溶液。

② 称取 0.01mol 的二水醋酸锌，将其加入上述溶液中。

③ 将所得溶液转入反应釜中，置于 160℃烘箱中，处理 6h。

④ 自然冷却后将样品过滤、洗涤、干燥、收集。

⑤ 重复以上过程，通过改变两种锌盐的不同比例，来调控硝酸根的含量。

⑥ 将收集的样品分别进行 XRD 测试，观察在硝酸根与醋酸根之间比例为 2∶1、

1：1、1：2情况下，XRD图谱的变化。

⑦ 将样品进行扫描电镜检测，观察纳米粒子形貌随硝酸根与醋酸根之间比例改变的变化规律。

⑧ 对样品进行紫外光谱检测，确定形貌对氧化锌纳米粒子带隙的影响。

五、思考题

哪些因素会影响制备得到的氧化锌的结构？

实验三十六

球磨法制备微纳米粉体及激光粒度分析

一、实验目的

1. 了解常见球磨法制备微纳米粉体原理及球磨效果的影响因素。
2. 掌握球磨法制备微纳米粉体的工艺及相关设备操作方法。
3. 了解激光粒度仪的工作原理，掌握其操作方法。

二、实验原理

1. 球磨原理及设备

（1）球磨原理

球磨的工作原理是靠球磨机磨罐的旋转、振动或摆动，带动罐内装入的各种材质的球形研磨介质（磨球）相互冲击、研磨，从而实现物料粉碎、细化、混合的方法。当磨球运动速度较大且不受临界转速限制时，高能球磨不仅对粉体起到破碎、细化和混合均匀的作用，甚至能使粉体产生塑性形变和相变。

高能球磨过程中，粉体与磨球反复碰撞，反复挤压变形、焊合、断裂再焊合，形成层状复合体，复合体颗粒再经历重复的冷焊、断裂再冷焊的过程，随着复合体颗粒的层状结构不断细化，粉体的粒径不断细化。1988年日本的新宫秀夫提出了压延和反复折叠的高能球磨模型，如图9-2所示。

当一次延压的延压率为$1/a$时，n次延压后的尺寸由原来的d_0变为：

$$d_n = d_0 \left(\frac{1}{a}\right)^n$$

如果延压率为$1/3$，在10次延压后，颗粒的尺寸d_{10}为：

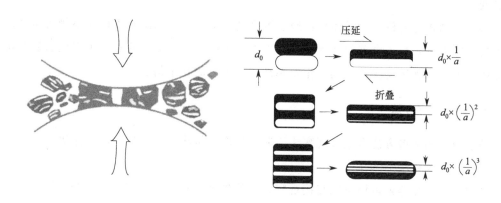

图 9-2 压延和反复折叠的高能球磨模型

$$d_{10}=d_0\left(\frac{1}{3}\right)^{10}\approx1.7d_0\times10^{-5}$$

即粉体混合延压 10 次，其粉体厚度将被减小到约原来的 $1/10^5$，形成非常小的微观复合结构。如果是易于加工的材料，高能球磨法很容易使之达到微纳米级。

（2）影响球磨效果的主要因素

球磨法所需设备少，工艺简单，但影响最终球磨效果的因素却有很多。影响球磨效果的主要因素有磨罐和磨球的材质、球磨转速、球磨时间、球料比、球磨气氛、过程控制剂等。为减少对球磨物料造成污染，应根据球磨物料选用合适材质的磨罐和磨球，常用材质为不锈钢、陶瓷、玛瑙等。一般来说，球磨转速越高，传递给被研磨物料的能量就越多，但不是越高越好，当达到某一临界值或以上时，磨球的离心力大于重力，磨球将靠近磨球容器内壁，球磨作用停止。在球磨开始阶段，随着球磨时间延长，颗粒尺寸迅速减小，但球磨一段时间后，颗粒尺寸变化不大，继续球磨有可能造成物料的污染，应根据实际情况选择最佳的球磨时间。在球磨过程中，球料比是决定球磨效果的关键因素，它决定了在碰撞中所捕获的粉末量和单位时间内有效碰撞次数。一般来说，随着球料比的增加，物料粒度变细，但球料比过大，生产效率降低。物料在球磨细化的过程中，会产生新生表面，表面能很高，容易被氧化，为保护物料，一般在真空或惰性气体保护下进行球磨。在球磨过程中，粉末团聚、结块和黏壁现象会阻碍球磨过程的进行，常在球磨过程中添加过程控制剂来提高球磨效果，常用的过程控制剂有乙醇、丙酮、硬脂酸、石蜡、四氯化碳等。

（3）球磨机种类

球磨机按其运动方式的不同可分为行星式球磨机、多维摆动式球磨机、振动球磨机等。

行星式球磨机是在一转盘上装有四只球磨罐，当转盘转动时（公转），带动球磨罐绕自己的中心轴旋转（自转），从而形成行星运动。由于公转和自转的作用，球磨罐中磨球和磨料在二维离心力的作用下相互撞击，最终使磨料达到粉碎、研磨、混合和机械合金化的目的。

多维摆动式球磨机通过罐体快速地多维摆动式运动，使磨球在罐内做不规则运动产生巨大的冲击力，延长了磨球的运动轨迹、提高冲击能、减少撞击盲点，可以显著提高罐内磨球的冲击能量和运动次数，其工作效率是传统工艺的几十倍。

2. 粒度分析方法

粒度分析的典型方法有电镜观察法、激光粒度分析法、筛分法、沉降法等。

（1）电镜观察法

用扫描电镜或透射电镜可以直接观察颗粒的粒径分布，但存在较大的统计误差。由于电镜法是对样品局部区域的观察，所以粒度分布分析需要观察多幅照片，可以通过软件分析得到统计的粒度分布。对于一些在强电子束作用下不稳定甚至分解的纳米颗粒以及难以制样的生物和微乳等样品，很难获得准确的结果。

（2）激光粒度分析法

激光粒度分析仪具有样品消耗小、测量速度快、重复性好、粒径测量范围广、可在线分析等优点，因而得到广泛应用。一般来说，激光粒度分析仪是指利用 Fraunhofer 衍射和 Mie 散射原理的粒度仪，目前激光粒度分析技术主要采用 Fraunhofer 衍射理论进行粒度分析。Mie 散射可以应用于任何粒径的颗粒，对大颗粒的计算结果与 Fraunhofer 衍射基本一致；Fraunhofer 衍射只是严格 Mie 散射理论的一种近似，当被测颗粒的直径大于入射光的波长时，该理论适用。

激光衍射式分析仪一般由颗粒分散装置、激光源、光束处理单元、光电探测器、计算机等组成。当激光照射到分散在液体中的颗粒时，产生衍射现象，该衍射通过傅里叶透镜后，在焦平面上形成靶心状的衍射光环，如图 9-3 所示；衍射光环的半径与颗粒的大小有关，衍射光环光的强度与相关粒径颗粒的多少有关；通过放置在焦平面上的环形光电探测器阵列，就可以接收到激光对不同粒径的衍射信号或光散射信号。通过将光电探测器阵列上接收到的信号传输到计算机，然后利用 Fraunhofer 衍射理论和 Mie 散射理论对信号进行处理，得到样品的粒度分布。

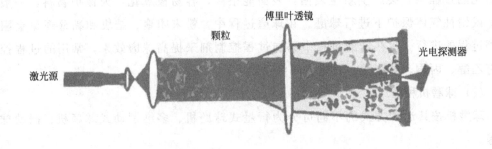

图 9-3　激光粒度分析仪结构示意图

三、实验仪器和材料

1. 实验仪器

行星式球磨机，多维摆动式球磨机，激光粒度分析仪，扫描电镜，电子天平，干燥箱，真空手套箱，磨球（材质为不锈钢、氧化锆等），磨罐（材质为不锈钢、氧化锆等）。

2. 实验材料

粉末（二氧化硅、碳化硅、氧化锆），无水乙醇，丙酮，氩气。

四、实验步骤

1. 实验方案设计。选择球磨工艺参数，参见表9-1。

表 9-1　球磨法工艺参数

参数名称	参考选择范围
球磨方法	行星式球磨、多维摆动式球磨
磨球材质	不锈钢、氧化锆等
磨罐材质	GCr15、氧化锆等
磨球直径/mm	6、8、10、12
磨球质量/g	100～200
粉末质量/g	5～20
磨球磨料比	10～20
球磨时间/min	30 以上
行星球磨转速/$(r \cdot min^{-1})$	300～600
保护气体	Ar
过程控制剂	无水乙醇、丙酮等

2. 球磨过程

① 用电子天平称量磨球及粉末。

② 用丙酮和乙醇清洗球磨罐及磨球。

③ 将磨球、粉末和过程控制剂放入磨罐中。

④ 将保护气体氩气注入真空手套箱中，最后将磨罐装入球磨机固定。

⑤ 打开球磨机电源，设定球磨时间、转速等参数。

⑥ 启动球磨机，开始球磨。球磨结束，取出球磨罐，将粉末从球磨机中分离出来。

⑦ 在干燥箱中干燥粉末，装入试样袋中并编号。

3. 使用激光粒度分析仪分析粉末粒度分布。

4. 使用扫描电镜进行微纳米粉体表面形貌观察。

5. 数据记录。详细记录工艺参数、实验过程及测量结果。

五、思考题

分析球磨方法、球磨时间、磨球磨料比、磨球直径、过程控制剂等球磨工艺参数对实验结果的影响。

实验三十七

固相反应制备镧锶钴铁及热学性能分析

一、实验目的

1. 利用热重测量和差热分析了解镧锶钴铁固相合成工艺过程。

2. 通过镧锶钴铁的固相生成反应，了解固相合成法的特点。

二、实验原理

固体氧化物燃料电池（solid oxide fuel cell，SOFC）是一种全固态化学发电装置，在中高温下工作，通过直接将储存在燃料和氧化剂中的化学能转变为电能，不经过卡诺循环过程，显著提高了能量转换效率，减少了环境污染。其较高的工作温度有利于进一步提高能量转换效率，工作中产生的热能也具有综合利用价值。SOFC 被广泛认为是一种与质子交换膜燃料电池（PEMFC）一样广泛普及应用的燃料电池。与一般燃料电池一样，SOFC 主要由阳极、阴极和两极间的电解质所构成，但其电解质为固体氧化物材料，工作温度较高（一般 500℃以上）。

镧锶钴铁（LSCF）是一种重要的 SOFC 阴极材料。LSCF 为钙钛矿结构，化合物通式为 ABO_3，其中 A 为二价或三价阳离子，B 为四价或三价阳离子，O 为氧。在 LSCF 材料中镧和锶原子占据 A 位，钴和铁原子占据 B 位。许多钙钛矿结构氧化物（如 LSCF）是具有电子和氧离子电导的混合导体。由于这种多重导电性，其反应活性区域不再局限于有限的三相界面处，而是拓展到了整个阴极表面，这也是其作为 SOFC 阴极材料的性能要优于传统金属电极的重要原因。

目前，制备镧锶钴铁粉体的各种方法可分为固相反应法、液相法和气相沉积法。液相法有共沉淀法、水热法、溶胶-凝胶法等。这些方法各有其特点，但也存在一些不足。

其中共沉淀法一般是以镧、锶、钴、铁的硝酸盐为原料，在盐溶液中加入碱性材料等沉淀剂，得到氢氧化物沉淀。再经过过滤、洗涤、干燥、煅烧、研磨，得到 LSCF 粉体。该方法简单易行，能制备出粒径小、成分易于控制的多组分纳米粉体，缺点是制得的粉体往往存在较多的硬团聚体，导致后期需要提高烧结温度和制品的力学性能。通过添加分散剂、控制温度和在乙醇中陈化，可解决粉体的团聚问题，制备出低温可烧结的纳米镧锶钴铁粉体，但这提高了工艺的复杂性。通常，以无机或有机化合物为原料，在水热釜中通过水热反应可以制得粒径小、分散性好的镧锶钴铁粉体，缺点是制备条件苛刻、成本高、产量低。溶胶-凝胶法是以金属盐的有机化合物为原料，经过溶胶-凝胶制备过程，通过高温反应制得所需材料，其中也存在原料成本高、水解法反应时间长、产率低、难以批量生产等缺点。气相沉积法可以制备出高质量晶体的 LSCF 薄膜材料，但所使用的原料价格昂贵，组分难以控制，需要高纯的原材料以及昂贵的设备，但产率相对较低。

采用固相法合成 LSCF，工艺相对简单，原料利用率高，可减少原材料消耗和环境污染。La_2O_3、Co_2O_3、$SrCO_3$、Fe_2O_3 固体粉末混合物原料在高温有氧条件下反应生成 LSCF。以 $La_{0.6}Sr_{0.4}Co_{0.2}Fe_{0.8}O_{3-\delta}$ 为例，其主要反应通式可以简写为 $La_2O_3(s) + Co_2O_3(s) + SrCO_3(s) + Fe_2O_3(s) \longrightarrow La_{0.6}Sr_{0.4}Co_{0.2}Fe_{0.8}O_{3-\delta}(s) + CO_2 \uparrow$。

反应过程会伴有质量和热量的变化，利用热重分析（TGA）和差热分析（DTA）可得 TG-DTA 数据，被测试样（简称试样）在加热或冷却过程中，会发生一些物理化学反应，同时伴随着热效应和质量等方面的变化，这就是热分析技术的基础。这些分析包括以下内容。

1. 热重分析

将装好试样的坩埚放在天平一臂上方的样品座上，用电炉来加热，如果试样在某一温度、气氛下由于吸附、解吸、脱水、升华、化合、分解等原因而出现质量变化时，利用光电位移传感器及时检测出天平失衡信号，热重测量系统自动改变平衡线圈中的平衡电流，使天平恢复平衡，平衡线圈中的电流变化量正比于试样质量变化量，将此电流变化量利用记录仪记录下来，即可得到热重曲线。

2. 差热分析

随着温度的升高，物质在特定的温度和气氛下可能会发生吸附、解吸、脱水、升华、化合、分解、相变等现象，并且这些现象通常伴随着焓变。在实验室相关的温度区域内未发生上述变化的物质可作为差热分析中的参比物（简称参样）。将试样与参样置于电炉的均温区内，同时以相同的条件加热或冷却，当试样温度变化时，会在试样与参样之间形成微小的温度差，利用差热电偶可以得到由这一温度差形成的差热电势，而差热电势经微伏级电流放大器放大后送入记录仪可以得到差热曲线。

TG-DTA 数据可通过 TGA 和 DTA 获得，可用于研究物质的吸附、解吸、脱水、升华、化合、分解、相变等现象，对物质进行鉴别分析、组织分析、热参数测定以及动力学参数测定等。通过热重测量和差热分析对烧结过程中固相合成的合成条件进行表征。

差热分析仪一般由加热炉及温度控制系统、样品支持器、热电偶和记录系统构成，如图9-4所示。

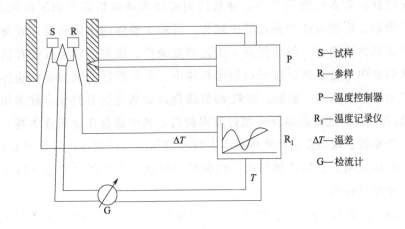

S—试样

R—参样

P—温度控制器

R_1—温度记录仪

ΔT—温差

G—检流计

图9-4　差热分析仪原理图

三、实验仪器和材料

1. 实验仪器

高温 TG-DTA 综合热分析仪（图9-5），玛瑙研钵，天平。

图9-5　高温 TG-DTA 综合热分析仪

2. 实验材料

La_2O_3，Co_2O_3，$SrCO_3$，Fe_2O_3（分析纯固体样品）。

四、实验步骤

1. 将 La_2O_3、Co_2O_3、$SrCO_3$、Fe_2O_3 按 3：2：2：4 的物质的量之比混合。

2. 在研钵中研磨 20~40min，充分搅拌，过筛。

3. 称取 5~10mg 已经研磨好的物料，置于 TG-DTA 综合热分析仪的样品坩埚中。

4. 预热 TG-DTA 综合热分析仪，打开冷却水。

5. 设置温控参数（10℃·min^{-1}）加热至 1000℃。

6. 观察并打印差热曲线，然后自动冷却。

7. 当温度降到 200℃ 以下时，关闭电源和电脑。

8. 数据记录及处理

（1）称量

将称量结果记录于表 9-2 中。

表 9-2　药品称量记录表

种类	用量
La_2O_3/g	
Co_2O_3/g	
$SrCO_3$/g	
Fe_2O_3/g	
总质量/g	
分析用样品/mg	

（2）TG-DTA 数据图及标注

根据实验所得试样质量随温度变化的热重曲线（TG 曲线），记录相关的实验数据。以质量 m（mg）为纵坐标、温度 T 为横坐标绘制热重曲线图，并标注曲线变化的温度值及试样质量的变化量。

根据实验获得的差热曲线（DTA 曲线），以温差 ΔT 为纵坐标，温度 T 为横坐标绘制差热曲线图。然后，在 DTA 曲线图上标注物质产生热效应（放热或吸热）的温度范围值，即峰或谷的外推起始温度 T_e、峰顶温度 T_m 和终止温度 T_c。

9. 注意事项

① 研磨操作需在通风橱里进行。

② 综合热分析仪使用时，必须打开冷却水。

③ 在温度低于 200℃之前，不能关闭电源。

五、思考题

1. LSCF 有哪些用途？固相合成 LSCF 有什么优点？
2. 固相合成 LSCF 反应过程中会经历哪些变化？
3. 吸热或放热峰分别对应于哪些可能的反应或相变？

实验三十八

溶胶-凝胶法制备荧光材料及其荧光性质测定

一、实验目的

1. 掌握溶胶-凝胶法的制备过程和特点。
2. 熟悉荧光材料的概念及应用。
3. 学会荧光材料的常见表征方法并评价其发光性能。

二、实验原理

荧光是一种光致发光现象。当某种物质经某种波长的入射光照射，吸收光能后进入激发态，并且立即退激发并发出出射光；而且一旦停止入射光，发光现象也随之立即消失，具有这种性质的物质就被称为荧光分子。日常生活中的荧光材料在紫外线照射下通常会显示出各种颜色的可见光。

荧光材料最重要的用途之一就是照明，光是人们生活不可或缺的元素。相较于传统的白炽灯和荧光灯，白光发光二极管（LED）照明器件被视为新一代固态照明光源。它具有便携、使用时间长达数万小时、节能环保、安全性高等诸多优势，并且其发光效率更高，能耗更小，在发光亮度相同的情况下，其耗电量仅为白炽灯的 1/10 和荧光灯的 1/2。白光 LED 照明器件包括发光二极管以及能被 LED 有效激发的荧光粉两部分，其中荧光粉是核心材料，它决定了 LED 器件的显色指数、色温、效率等性能参数。稀土荧光粉由于其发光谱带窄、色纯度高、色彩鲜艳、转换效率高和稳定性好等优点，已经成为白光 LED 照明器件中的主流荧光材料。因此，高性能稀土荧光粉的研究开发对进一步提升白光 LED 器件性能和照明领域可持续发展具有重大意义。

稀土荧光粉的发光性质取决于粉体的形貌、纯度、粒径和均一性等，因此需要选择合适的制备方法，得到性能良好的荧光粉。目前，主要合成方法有高温固相法、水热合成法、溶胶-凝胶法和共沉淀法等。溶胶-凝胶法是制备功能材料的常用液相方法，它是利用含高化学活性组分的化合物作为前驱体，在液相下将这些原料均匀混合，并进行水解、缩合反应，在溶液中形成稳定的透明溶胶体系，溶胶经陈化，胶粒间缓慢聚合，形成三维网络结构的凝胶，凝胶网络间充满了失去流动性的溶剂，再将凝胶干燥、焙烧去除有机成分，最后得到粉体材料。其过程如图 9-6 所示，溶胶-凝胶法具有条件温和、化学均匀性好、纯度好、组分可调、操作简单和反应易控制的优点。

图 9-6　溶胶-凝胶法的制备过程

在形成溶胶的过程中，反应温度和溶液 pH 等实验条件将影响水解和缩聚反应，从而影响最终溶胶的形成，胶体颗粒的大小和交联程度，在某些反应中还需额外加入适量的酸碱催化剂和络合剂以促进溶胶的形成。实验条件的摸索和优化对凝胶化后的产品的形貌和粒径以及发光性能的提升有很大作用。

溶胶-凝胶法制备的荧光粉中，溶胶由溶液制得，故胶粒内及胶粒间化学成分完全一致，化学均匀性好，粒径分布窄，粒子分散性好，并且多组分制备过程中无需机械混合，纯度高。此外，由于液相体系中离子间的扩散距离极大缩短，与固相反应相比，荧光粉干凝胶前驱体在烧结过程中所需要的烧结温度和烧结时间都有所降低，最终得到的荧光粉团聚更少，粒径更小。

三、实验仪器和材料

1. 实验仪器

电子分析天平，数显搅拌水浴锅，玛瑙研钵，马弗炉，荧光光谱仪。

2. 实验材料

氯化镁，硝酸铝，硝酸镧，五水硝酸铒，五水硝酸镱，柠檬酸，去离子水。

四、实验步骤

目标产物是少量 Er 和 Yb 掺杂的 $LaMgAl_{11}O_{19}$ 荧光粉。

① 用电子分析天平分别称取 2.0632 g $Al(NO_3)_3 \cdot 9H_2O$、0.1016g $MgCl_2 \cdot 6H_2O$、0.2015g $La(NO_3)_3 \cdot 6H_2O$ 和 4.433mg $Er(NO_3)_3 \cdot 5H_2O$ 和 11.228mg $Yb(NO_3)_3 \cdot 5H_2O$ 溶于 50mL 去离子水中，搅拌均匀。

② 将 2.4963g 柠檬酸作为金属离子的络合剂加入上述溶液中（其中柠檬酸与总的金属离子的物质的量之比为 3∶1），持续搅拌数分钟，使柠檬酸与混合液中的金属阳离子进行络合直到得到非常澄清的溶液。

③ 停止搅拌，将上述透明溶液转移至 90℃ 的烘箱中，干燥 24h，得到浅棕色干凝胶。

用玛瑙研钵充分研磨后，将其放入马弗炉中，在500℃下煅烧2h，最后在1100℃下退火保持2h，冷却后得到最终荧光粉产物。

④ 将上述产物进行荧光光谱的表征。

⑤ 数据处理。分析制备所得荧光材料的激发光谱和发射光谱，并判断其发光的颜色。

五、思考题

1. 若对制备所得的荧光粉进行形貌和成分表征，可采用什么分析方法？

2. 稀土荧光粉还有什么其他的制备方法？

实验三十九

不同晶型二氧化钛的合成及其物相分析

一、实验目的

1. 了解纳米二氧化钛的粒性和物性。

2. 掌握溶胶-凝胶法合成纳米级二氧化钛（TiO_2）的方法和过程。

二、实验原理

TiO_2是一种n型半导体材料，晶粒尺寸介于$1\sim100nm$，其晶型有两种：金红石型和锐钛型。其比表面积大，表面张力大，熔点低，磁性强，光吸收性能好，特别是吸收紫外线的能力强，表面活性大，热导性能好，分散性好。纳米TiO_2的制备方法可归纳为物理方法和物理化学综合方法。物理制备方法主要有机械粉碎法、惰性气体冷凝法、真空蒸发法、溅射法等；物理化学综合法可大致分为气相法和液相法。目前的工业化应用中，最常用的方法还是物理化学综合法。传统的方法不能或难以制备纳米级二氧化钛。

溶胶-凝胶法是制备纳米粉体的一种重要方法。它具有其独特的优点，反应中各组分的混合在分子间进行，因而产物的粒径小、均匀性高；反应过程易于控制，可得到一些用其他方法难以得到的产物。另外反应在低温下进行，避免了高温杂相的出现，使产物的纯度高。但缺点是由于溶胶-凝胶法是采用金属醇盐作为原料，其成本较高，其该工艺流程较长，而且粉体的后处理过程中易产生硬团聚。采用溶胶-凝胶法制备纳米TiO_2粉体，是利用钛醇盐为原料。先通过水解和缩聚反应使其形成透明溶胶，然后加入适量的去离子水后转变成凝胶结构，将凝胶陈化一段时间后放入烘箱中干燥。待完全变成干凝胶后再进行研磨、煅烧，即可得到均匀的纳米TiO_2粉体。在溶胶-凝胶法中，最终产物的结构在溶液中已初步形成，且后续工艺与溶胶的性质直接相关，因而溶胶的质量是十分重要的。

醇盐的水解和缩聚反应是均相溶液转变为溶胶的根本原因，控制醇盐水解缩聚的条件是制备高质量溶胶的关键。因此溶剂的选择是溶胶制备的前提。同时，溶液的 pH 对胶体的形成和团聚状态有影响，加水量的多少会影响醇盐水解缩聚物的结构，陈化时间的长短会改变晶粒的生长状态，煅烧温度的变化对粉体的相结构和晶粒大小有影响。总之，在溶胶-凝胶法制备 TiO_2 粉体的过程中，有许多因素影响粉体的形成和性能。因此应严格控制好工艺条件，以获得性能优良的纳米 TiO_2 粉体。

制备溶胶所用的原料为钛酸四丁酯 $[Ti(OC_4H_9)_4]$、水、无水乙醇（C_2H_5OH）以及冰醋酸。反应物为 $Ti(OC_4H_9)_4$ 和水，分相介质为 C_2H_5OH，冰醋酸可调节体系的酸度防止钛离子水解过快。使 $Ti(OC_4H_9)_4$ 在 C_2H_5OH 中水解生成 $Ti(OH)_4$，脱水后即可获得 TiO_2。在后续的热处理过程中，只要控制适当的温度条件和反应时间，就可以获得金红石型和锐钛型二氧化钛。

钛酸四丁酯在酸性条件下，在乙醇介质中水解反应是分步进行的，总水解反应表示为下式，水解产物为含钛离子溶胶。

$$Ti(OC_4H_9)_4 + 4H_2O \longrightarrow Ti(OH)_4 + 4C_4H_9OH$$

一般认为，在含钛离子溶液中钛离子通常与其他离子相互作用形成复杂的网状基团。上述溶胶体系静置一段时间后，由于发生胶凝作用，最后形成稳定凝胶。

$$Ti(OH)_4 + Ti(OC_4H_9)_4 \longrightarrow 2TiO_2 + 4C_4H_9OH$$

$$2Ti(OH)_4 \longrightarrow 2TiO_2 + 4H_2O$$

三、实验仪器和材料

1. 实验仪器

电热炉，恒温水浴箱，50mL 量筒和 10mL 量筒各一个，烧杯（100mL）两个，玻璃棒，抽滤瓶，布氏漏斗，滤纸，pH 试纸，标准比色卡，洗瓶，蒸发皿，磁力搅拌器，X 射线衍射仪。

2. 实验材料

钛酸四丁酯，无水乙醇，冰醋酸，盐酸，去离子水。

四、实验步骤

1. 室温下用完全干燥的量筒量取 10mL 钛酸四丁酯，缓慢滴入 35mL 无水乙醇中，并用磁力搅拌器强力搅拌 10min，混合均匀，形成黄色澄清溶液 A。

2. 将 4mL 冰醋酸和 10mL 去离子水加到另 35mL 无水乙醇中，剧烈搅拌，得到溶液 B，滴入 1~2 滴盐酸，调节 pH 使其≤3。

3. 室温水浴下，在剧烈搅拌下将已移入恒压漏斗中的溶液 A 缓慢滴入溶液 B 中，滴速大约 $3mL \cdot min^{-1}$。滴加完毕后得浅黄色溶液，继续搅拌 0.5h 后，置于 50℃ 水浴加热，1 h 后得到白色凝胶。

4. 在 80℃下烘干，大约 20h，得到黄色晶体，研磨得到淡黄色 TiO_2 粉末。在不同温度（300℃、400℃、500℃、600℃）下热处理，制备不同 TiO_2 晶体样品。

5. 用 X 射线衍射（XRD）表征晶体结构。

6. 实验数据记录

理论产量：_____；实际产量：_____；产率 _____。

XRD 物相分析结果：_____。

7. 注意事项

① 水作为反应物之一，它的加入量主要影响钛醇盐的水解缩聚反应，是一个关键的影响参数，而且为保证得到稳定的凝胶采用了分次加入的方式。

② 乙醇可以溶解钛酸四丁酯，并通过空间位阻效应阻碍氢链的生成，从而使水解反应变慢，因此需要控制反应中乙醇的加入量。

③ pH 是影响凝胶时间的又一个因素，通过实验取 pH 在 2～3 为宜。

五、思考题

1. 为什么所有的仪器必须干燥？

2. 加入冰醋酸的作用是什么？

3. 将溶液 A 滴加到溶液 B 中时为什么要缓慢滴加？

实验四十

苯乙烯的悬浮聚合及聚苯乙烯的硬度测定

一、实验目的

1. 了解苯乙烯的聚合性能。

2. 掌握悬浮聚合的原理和实验方法。

3. 测量聚苯乙烯的硬度。

二、实验原理

悬浮聚合是通过强烈的机械搅拌将含有引发剂的单体分散到与单体互不相溶的介质中来实现的。悬浮聚合法具有反应体系温度易控制，聚合热易排除，后处理简单，生产成本低，产物可直接加工等优点。但是，产品纯度不如本体聚合高，残留的分散剂等难以去除，影响产品的透明度和介电性能。由于大多数烯类单体只微溶于水或几乎不溶于水，所以通常用水作为悬浮聚合的介质。该体系主要由 4 部分组成：单体、引发剂、水和分散剂（悬浮剂）。在悬浮聚合中，单体在搅拌下通过分散剂分散在水中，每个小液滴都是一个微型聚合场所，液滴周围的水介质连续相都是这些微型反应器的热传导体。因此，每个液滴中单体的聚合与本体聚合相同，但整个聚合体系的温度控制相对容易。

单体液体层在搅拌的剪切力作用下分散成小液滴的大小主要取决于搅拌速率的大小，因此搅拌速率大小也决定了产品颗粒的大小。搅拌速率越大，则产品颗粒越细；搅拌速率越小，则产品颗粒就越粗。但搅拌速率不宜过低，因为悬浮聚合体系中的单体颗粒有相互结合形成大颗粒的趋势，特别是随着单体向聚合物的转化，颗粒黏度增大，颗粒间的结合变得更容易。所以在整个实验过程中不能停止搅拌。只有当分散颗粒中单体转化率足够高、颗粒硬度足够大时，黏结的危险才会消失。因此，悬浮聚合条件的选择和控制非常重要。

苯乙烯是一种用途广泛的塑料，具有良好的介电性能，其泡沫塑料作为包装材料，具有良好的防潮防震效果。纯品为透明体，有光泽，也可采用本体聚合法制备。其密度为 $1.04\sim1.09\mathrm{g\cdot cm^{-3}}$，热变形温度为 80℃，软化点温度为 95～100℃，高于 150℃时分解。悬浮体系不稳定，加入悬浮稳定剂有助于单体颗粒在介质中分散。工业上常用的悬浮聚合稳定剂有明胶、羟乙基纤维素、聚丙烯酰胺和聚乙烯醇等，这类亲水性的聚合物又称保护胶体。另一大类常用的悬浮稳定剂是不溶于水的无机物粉末，如硫酸钡、磷酸钙、氢氧化铝、钛白粉、氧化锌等，其中工业上生产聚苯乙烯时采用的一个重要的无机稳定剂是二羟基六磷酸十钙 $[Ca_{10}(PO_4)_6(OH)_2]$，产品的最终用途决定树脂颗粒的大小，悬浮聚合的粒径一般在 0.01～5mm 之间，用作离子交换树脂的和泡沫塑料的聚合物颗粒的直径小于 0.1mm。直径为 0.2～0.5mm 的树脂颗粒更适用于模塑工艺。若在体系中加入部分二乙烯基苯，则产品具有交联结构，并有较高的强度和耐溶剂性等，可作为制备离子交换树脂的原料。

三、实验仪器和材料

1. 实验仪器

调压器，温度计，水浴锅，三颈瓶，回流冷凝管（球形），电动搅拌器，烘箱。

2. 实验材料

苯乙烯（St），2%聚乙烯醇（PVA），过氧化苯甲酰（BPO），亚甲基蓝（或硫代硫酸钠），磷酸钙粉末，二乙烯基苯。

四、实验步骤

1. 向装有搅拌器、温度计和回流冷凝管的 250mL 三颈瓶中加入 120mL 蒸馏水、6mL 2%的 PVA 水溶液、200mg 磷酸钙粉末和 1～2 滴 1%亚甲基蓝水溶液。开始升温，并根据粒径的大小，调节搅拌器速率稳定在 $300\mathrm{r\cdot min^{-1}}$ 左右，待瓶内温度升至 85～

90℃时，取事先在室温下溶解好的 100mg BPO 的 15.2mL 苯乙烯溶液，倒入反应瓶中，再接着放入 3.3mL 二乙烯基苯倒入反应瓶中。之后要注意搅拌速率的稳定性。反应 2h 后（无二乙烯基苯，反应时间为 5h），用滴管检查珠子是否已有硬度，珠子发硬以后，升温至 90～95℃，再使聚合持续 0.5h（若无二乙烯基苯，再熟化 2h）。反应结束后倾出上层溶液，用 80～85℃热水洗 3 次，再用冷水洗 3 次，过滤。然后放入 60℃烘箱中烘干，称重并计算转化率。

2. 测量聚苯乙烯的硬度

3. 结果的计算和讨论

(1) 产品称重，计算转化率。

(2) 如有条件，可在显微镜下观察珠子的形态。

4. 注意事项

① 亚甲基蓝作为水相阻聚剂，没有亚甲基蓝时可用硫代硫酸钠或其他水性阻聚剂代替，加入少量磷酸钙粉末可使悬浮体系更加稳定。

② 如果没有二乙烯基苯，也可不用，但需适当延长反应时间。

③ 升温后再加入苯乙烯。若先加入苯乙烯，则必须快速升温。

五、思考题

1. 加入水相阻聚剂有什么好处？

2. 叙述悬浮聚合的特点，并说明它与乳液聚合有何不同之处。

3. 如何控制苯乙烯颗粒大小？

○ 参考文献

[1] 丰平，余海洲，戴雷，等. 材料科学与工程基础实验教程 [M]. 北京：国防工业出版社，2014.

[2] 李慧. 材料科学基础实验教程 [M]. 哈尔滨：哈尔滨工业大学出版社，2011.

[3] 陈新，王德强，曹红亮，等. 新能源材料科学基础实验 [M]. 上海：华东理工大学出版社，2018.

[4] 陈泉水，郑举功，刘晓东. 材料科学基础实验 [M]. 北京：化学工业出版社，2009.

[5] 张爱清. 高分子科学实验教程 [M]. 北京：化学工业出版社，2011.

[6] 赵玉珍. 材料科学基础精选实验教程 [M]. 北京：清华大学出版社，2018.

[7] 葛利玲. 材料科学与工程基础实验教程 [M]. 北京：机械工业出版社，2008.

[8] 盖登宇，侯乐干，丁明惠. 材料科学与工程基础实验教程 [M]. 哈尔滨：哈尔滨工业大学出版社，2012.

[9] 崔洪涛，李怀勇，牛永盛，等. 材料化学综合实验 [M]. 北京：化学工业出版社，2017.

[10] 陈万平. 材料化学实验 [M]. 北京：化学工业出版社，2019.

[11] 李刚，李峻青，董国君. 材料化学专业实验 [M]. 北京：化学工业出版社，2013.

[12] Lian Z C, Xu P P, Wang W C, et al. C_{60}-Decorated CdS/TiO_2 Mesoporous Architectures with Enhanced Photostability and Photocatalytic Activity for H_2 Evolution [J]. ACS Applied Materials and Interfaces，2015，7（8），4533-4540.

[13] Shao B Q, Huo J S, You H P. Prevailing Strategies to Tune Emission Color of Lanthanide-Activated Phosphors for WLED Applications [J]. Advanced Optical Materials，2019，7（13），1900319.

[14] Fu L L, Liu G F, Yang X X, et al. Up-conversion Luminescent Properties and Optical Thermometry of $LaMgAl_{11}O_{19}$：Er^{3+}/Yb^{3+} Phosphors. Ceramics International，2015，41（10），14064-14069.

[15] 邹耀洪. 电导率法测定表面活性剂的临界胶束浓度 [J]. 大学化学，1997，12（6）：46＋51.

[16] 东北师范大学等校. 物理化学实验 [M]. 北京：高等教育出版社，1989.

[17] 赵喆，王齐放. 表面活性剂临界胶束浓度测定方法的研究进展 [J]. 实用药物与临床，2010，13（002）：140-144.

[18] 张立德，牟季美. 纳米材料和纳米结构 [M]. 北京：科学出版社，2001.

[19] 潘春旭. 材料物理与化学实验教程 [M]. 中南大学出版社，2008.64.

[20] Harizanov O, Ivanova T, Harizanova A, Study of Sol-Gel TiO_2 and TiO_2-MnO Obtained From a Peptized Solution [J]. Materials Letters，2001，49（3/4）：165-171.

[21] Kuaschewski O. Iron-Binary Phase Diagrams [M]. Berlin：Springer-Verlag，1982.